高职高专艺术学门类"十四五"系列教材

环境艺术设计识图与制图
（第二版）

HUANJING YISHU SHEJI SHITU YU ZHITU

主　编　钱明学

副主编　邓　黎　龙　英　邓晓松　曲　伟

参　编　胡传满　钱　巧　曹　阳　毕明天

U0278701

华中科技大学出版社

http://press.hust.edu.cn

中国·武汉

内 容 简 介

本书包括三篇共六章的内容。第一篇"认识篇"包括一章:图的认识。第二篇"理论篇"包括两章:正投影的基本知识、体的投影。第三篇"方法篇"包括三章:制图基本知识、图纸的识读与绘制、CAD制图。本书层次清晰、内容翔实,以实训为重点,重视理论与实践的结合,以实际案例入手进行分析讲解,帮助学生有的放矢地学习,从而有效培养学生的实践能力。

图书在版编目(CIP)数据

环境艺术设计识图与制图/钱明学主编.—2版.—武汉:华中科技大学出版社,2023.5
ISBN 978-7-5680-9306-4

Ⅰ.①环… Ⅱ.①钱… Ⅲ.①环境设计-高等职业教育-教材 ②环境设计-建筑制图-高等职业教育-教材 Ⅳ.①TU-856
②TU204.21

中国国家版本馆 CIP 数据核字(2023)第 058327 号

环境艺术设计识图与制图(第二版)   钱明学 主编
Huanjing Yishu Sheji Shitu yu Zhitu(Di-er Ban)

策划编辑:彭中军
责任编辑:刘姝甜
封面设计:孢 子
责任监印:朱 玢
出版发行:华中科技大学出版社(中国·武汉)   电话:(027)81321913
　　　　　武汉市东湖新技术开发区华工科技园   邮编:430223
录　　排:武汉创易图文工作室
印　　刷:湖北新华印务有限公司
开　　本:889mm×1194mm 1/16
印　　张:10 插页:4
字　　数:364 千字
版　　次:2023 年 5 月第 2 版第 1 次印刷
定　　价:49.00 元

前言

QIANYAN

环境艺术设计是一个多门类、应用型的专业,其中的园林景观、室内外装饰、家具等相关设计所涉及的成果直接关系人们的生活环境与生活质量,同大众的日常生活息息相关。设计表达离不开设计图,设计图是设计师表达设计意图和设计成果的"语言"。掌握好这种"语言"是学生在今后的相关岗位上做好工作应具备的基本能力。

本教材从高职教育人才培养目标出发,从相关职业岗位对基础知识与能力的需求着眼,遵从人们"实践—理论—实践"的认知规律,按认识篇、理论篇、方法篇的顺序进行编排。

本教材根据社会需求更新教学理念,在方法上以读图为主、制图为辅,在制图手段上将徒手作图、尺规作图、CAD作图结合起来,通过徒手作图、尺规作图培养学生的读图能力,通过CAD作图培养学生的制图能力。本教材在理论上以够用为度,实际应用能力培养以岗位需求为标尺,加大学生绘制与阅读的练习量,使学生能较快地掌握识读、绘制图样的关键技能。

本教材附录为正投影练习、轴测图练习和工程图练习,供不同专业的师生选用。

编　者

目录

HUANJING YISHU SHEJI SHITU YU ZHITU

MULU

第一篇 认 识 篇

第一章 图的认识 ··· (2)

第一节 图的概述 ··· (2)

第二节 投影图在工程中的应用 ·· (2)

第三节 图及投影的认识 ·· (4)

第四节 几何作图 ··· (5)

第二篇 理 论 篇

第二章 正投影的基本知识 ·· (12)

第一节 三面正投影图 ··· (12)

第二节 点的投影 ··· (13)

第三节 线的投影 ··· (15)

第四节 平面的投影 ·· (19)

第五节 点、线、面的投影关系 ·· (22)

第三章 体的投影 ··· (23)

第一节 平面体 ·· (23)

第二节 曲面体 ·· (24)

第三节 体的截交与相贯 ·· (26)

第四节 剖面图与断面图 ·· (30)

第五节 标高投影 ··· (34)

第六节 透视图与轴测图 ·· (34)

第三篇 方 法 篇

第四章 制图基本知识 ·· (44)

第一节 制图规范与工具 ·· (44)

第二节 徒手作图 ··· (47)

第三节 尺规作图 ··· (47)

第四节 计算机作图 ·· (47)

第五章 图纸的识读与绘制 ······ (48)

第一节 建筑设计图的识读与绘制 ······ (48)

第二节 装饰设计施工图的识读与绘制 ······ (61)

第三节 室外设计图的识读与绘制 ······ (95)

第四节 家具设计图的识读与绘制 ······ (106)

第六章 CAD 制图 ······ (115)

第一节 CAD 简介 ······ (115)

第二节 实例操作:某小区两室一厅住宅的室内设计 ······ (125)

第三节 实例操作:家具设计 ······ (138)

第四节 实例操作:某小区入口景观设计 ······ (142)

附录 课程参考练习 ······ (151)

参考文献 ······ (154)

第一篇
认识篇

HUANJING **Y**ISHU

SHEJI SHITU

YU ZHITU

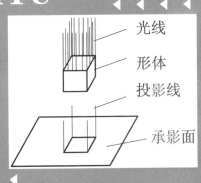

第一章 图的认识

第一节 图的概述

一、图与图的作用 ONE

环境艺术设计描述和表达的对象是形体，无论是园林景观设计，还是室内设计和家具陈设设计，都是三维形体的设计。图是描述形体的工具与载体。图是设计与生产和使用过程中人们进行构思、交流、设计、制造、处理的过程“语言”。图是方案选择、招标投标、生产管理、经营核算的依据。

图(图形)的概念很宽泛，它既包括描述图形，又包括自然图形。构成图形的要素主要包括点、线、面、体等几何要素。从图的来源与成果的实际形态来看，图的类型包括：视觉景物图、人造装置拍摄获得的图、手工或机器绘制的各类图、用文字描述的图等。

二、图的发展历程 TWO

原始人类在生活、劳动中因交流思想的需要一方面发展语言，另一方面画出简单图形来表达意图。在人类进入奴隶社会后，随着社会的进步与发展，首先有数学家欧几里得的《几何原本》，继而有托勒密的介绍绘制地图方法的《地理学》。前 1 世纪古罗马建筑学家维特鲁威在其所著的《建筑十书》中就应用了平面、立体、剖视等绘图法。

随着西欧殖民掠夺的繁盛和资本主义制度的建立，资产阶级的新思想、新文化逐步得以创立。走在前列的艺术家面临的最大技术问题就是如何把三维的现实形态绘制到二维平面图上。德国艺术家阿尔布雷克特·丢勒提出的几何思想就是考虑线形在两两垂直的平面中的正投影。笛卡儿提出的平面坐标系统，实际上也提出了平行投影的概念，给画法几何学的创立奠定了理论基础。

中国的工程图学已有 3 000 多年的可考历史。春秋时的《考工记》就有“规”、“矩”、“绳墨”的记载；1977 年从河北省平山县战国时期的王墓里发掘出采用正投影法绘制的建筑平面图。自秦汉以来，历代宫殿建筑均有图样。北宋李诫所著的《营造法式》附有大量图样，包括平面图、轴测图和透视图。

第二节 投影图在工程中的应用

实际工程中应用的各类工程设计图是一种投影图。光线照射形体在地面或墙面出现影子的自然现象称为投影。采用不同的投影方法可以得到不同的投影图。在工程中常用的主要有四种投影图。

一、正投影图　　　　　　　　　　　　　　　　　　　　　　　　　　　ONE

　　在两两垂直的投影面上采用正投影法绘制的成组二维图称为正投影图。

　　正投影图能如实地反映形体的形态与实际大小,便于度量与作图。正投影图是工程上的主要图样。但正投影图不能让人直观感受形体的状态,所以正投影图的绘制要有相应的规范和要求,需要经过专门的学习与训练才能绘制和认识。正投影图如图 1-1 所示。

二、轴测投影图　　　　　　　　　　　　　　　　　　　　　　　　　　TWO

　　轴测投影图是在一个投影面上采用平行投影法绘制的三维图形,让人感觉直观,作图简单,度量性强,但形态失真,常作为工程鸟瞰图等辅助图样。轴测投影图如图 1-2 所示。

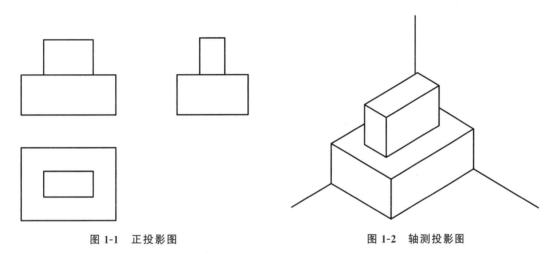

图 1-1　正投影图　　　　　　　　　　　　图 1-2　轴测投影图

三、透视投影图　　　　　　　　　　　　　　　　　　　　　　　　　　THREE

　　透视投影图是在一个投影面上采用中心投影法绘制的三维图形,让人感觉直观且符合人眼的观察实际,但作图繁杂,度量性差,常作为设计方案及项目宣传图样。透视投影图如图 1-3 所示。

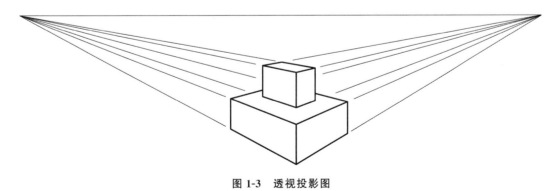

图 1-3　透视投影图

四、标高投影图 FOUR

标高投影图是在水平投影面上采用正投影法辅以形体高程数字绘制的单面图,即采用等高线投影反映地形地貌三维状态的正投影图,在城市规划、建筑及园林景观、道桥等工程实际中是常见的主要图样。标高投影图如图1-4所示。

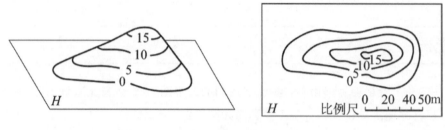

图1-4 标高投影图

第三节 图及投影的认识

一、投影的形成 ONE

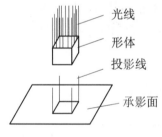

图1-5 投影的形成(正投影)

形成投影的三要素是形体、光线(灯光和阳光)和承影面(投影面)。

形体在光线的照射下,在承影面(地面、墙面、纸面)上出现影子,这是自然界的投影现象。人们通过研究投影现象的三要素关系,总结了一套投影原理及作图的方法。

在制图中,光源称为投影中心,光线称为投影线,光线的射向称为投射方向,承影的平面称为投影面,影子的轮廓称为投影,用投影表示物体形状与大小的方法称为投影法,用投影法画出的物体图形称为投影图。投影的形成(正投影)如图1-5所示。

二、投影法分类 TWO

根据投影线的形成,投影法分为中心投影法和平行投影法两大类。

1. 中心投影法

由一点照射的成角投影线产生投影的方法称中心投影法。

透视图是按中心投影法绘制而成的。中心投影如图1-6所示。

2. 平行投影法

由相互平行的投影线产生投影的方法称平行投影法。根据投影线和投影面的角度不同,平行投影法又可分为两种。

(1)斜投影法:平行投影线倾斜于投影面得到投影的方法。斜轴测图是按平行斜投影法绘制而成的。斜投影如图1-7所示。

（2）正投影法：平行投影线垂直于投影面得到投影的方法。正投影图及正轴测图是按平行正投影法绘制而成的。正投影如图1-5所示。

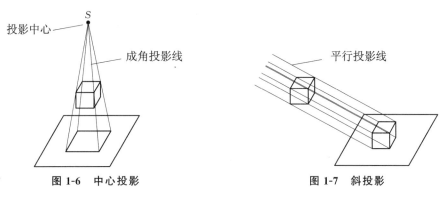

图 1-6　中心投影　　　　　　　　图 1-7　斜投影

三、二维图形和三维图形关系认识 THREE

人们观察的客观事物，一般都是具备长、宽、高三维尺寸的形体。要将客观的三维形体用图样记录下来则有两种类型。一种是用二维平面反映三维形态，如绘制轴测图和透视图等图形，它们都具有立体视觉效果，特别是透视图，它符合人眼的视觉习惯，更加逼真。但是，它们都有各种问题，比如变形或被遮挡，不能反映形体全貌或内部结构，不可以进行度量等，因此用此类图形完整表达设计意图并付诸实施是不行的。另一种是用二维平面反映三维形体的一个面或一个部分，即采用正投影法得到三视图。每个视图真实反映形体的一个面或一个部分，两个或两个以上的视图共同反映真实形体的全部，且每个视图都能度量。但这种二维图形不符合人眼视觉习惯，因此需要通过学习三视图的读图知识才能读懂视图。在学习三视图读图知识之前，可以对不同类型图样进行对比认识以更好更快地读懂视图。几种图样如图1-8所示。

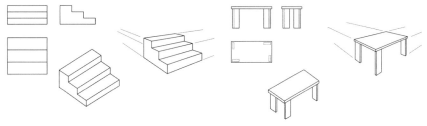

图 1-8　几种图样

第四节　几何作图

掌握常用几何作图的方法可以提高用尺规作图的速度和准确性，并能锻炼作图思维与判断力。

一、等分作图 ONE

1. 等分线段

等分线段如表1-1所示。

表 1-1　等分线段

种类	步骤一	步骤二	步骤三
作直线段的垂直平分线	作直线段 AB 的垂直平分线	以大于 AB 长度的 1/2 的值 R 为半径,以 A、B 为圆心作圆弧交于点 C 和 D	连接 C、D,直线 CD 即为 AB 的垂直平分线,CD 与 AB 的交点 E 等分 AB
直线段的任意等分	将直线段 AB 分为六等份	过 A 点作任意直线 AC,用直尺在 AC 线上从点 A 起截取任意长度的六等份,得 1、2、3、4、5、6 点	连 B、6 点,然后过 5、4、3、2、1 点作 B6 的平行线,它们与 AB 的交点为 AB 线段等分点
平行二直线之间距离的任意等分	将平行直线 AB、CD 之间的距离分为七等份	置直尺刻度 0 于 CD 上,使刻度 3.5 cm 处落在 AB 上,为点 7,沿刻度边缘间隔 5 mm 定出 1、2、3、4、5、6 各等分点	过各等分点作 AB(或 CD)的平行线,即为所求

2. 等分圆周

等分圆周(圆内接正多边形的画法)如表 1-2 所示。

1)六等分圆周

六等分圆周可用圆规六等分和用三角板六等分,六等分圆周步骤如表 1-2 所示。

2)五等分圆周

五等分圆周步骤如表 1-2 所示。

表 1-2　等分圆周(圆内接正多边形的画法)

种类	步骤一	步骤二	步骤三
作圆内接正方形	画出正方形的外接圆	作出 45°直径,交圆周于 A、B 两点	过 A、B 两点作水平线、竖直线,完成作图

续表

种类	步骤一	步骤二	步骤三
作圆内接正五边形	画出正五边形的外接圆,作出半径 OF 的等分点 G	以 G 为圆心、GA 为半径作圆弧交直径于 H	以 A 为圆心、AH 长度为半径,分圆周为五等份,顺序连接各等分点,即为所求
作圆内接正六边形	画出半径为 R 的正六边形的外接圆	用长度 R 划分圆周为六等份	顺序将各等分点用直线段连接,即为所求

二、作椭圆 TWO

椭圆的简化画法有同心圆法和四圆心法两种。椭圆的画法如表 1-3 所示。

表 1-3 椭圆的画法

种类	步骤一	步骤二	步骤三
已知椭圆的长短轴画椭圆	已知椭圆长轴 AB、短轴 CD,连 AC,以 O 为圆心、OA 为半径作弧交短轴延长线于 E	以 C 为圆心、CE 为半径画弧交 AC 于 F;作 AF 的垂直平分线交长轴于 O_1、交短轴(或其延长线)于 O_3,找到对称的点 O_2、O_4	分别以 O_1 为圆心、O_1A 为半径画圆弧,以 O_2 为圆心、O_2B 为半径画圆弧,以 O_3 为圆心、O_3C 为半径画圆弧,以及以 O_4 为圆心、O_4D 为半径画圆弧,平滑顺次连接,即为所求
已知椭圆的长短轴画椭圆	已知椭圆长轴 AB、短轴 CD,在 AB 上截取 $OO_2=OO_1$,在 CD 延长线上截取 $OO_4=OO_3$,连接 O_1O_3、O_1O_4、O_2O_4、O_2O_3 并延长	以 O_1、O_2 为圆心、O_1A(或 O_1B)为半径画弧与 O_4O_1、O_3O_1 和 O_4O_2、O_3O_2 的延长线交于 H、G、J、I 点	以 O_3、O_4 为圆心、O_3C 为半径画弧 $\overarc{GI}$、$\overarc{HJ}$

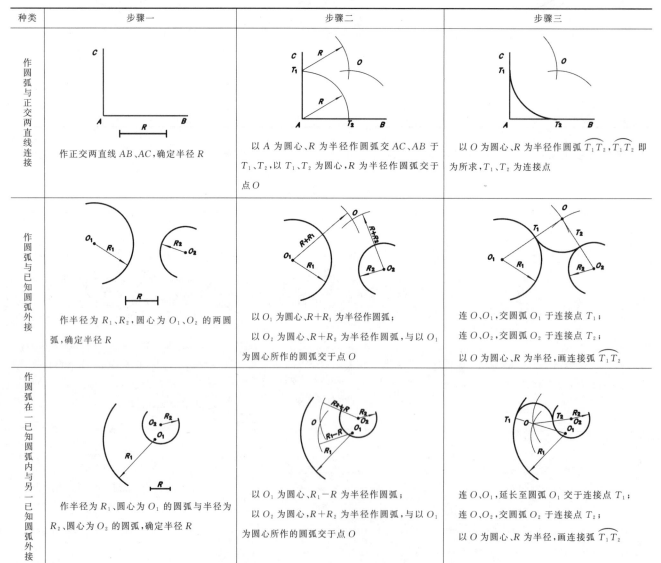

种类	步骤一	步骤二	步骤三
已知椭圆的共轭直径画椭圆	已知椭圆的共轭直径为 AB、CD,过点 C、D 作 AB 的平行线,过点 A、B 作 CD 的平行线,作出平行四边形 EFGH,并作对角线 EG、FH	以 EC 为斜边,作一等腰直角三角形 ECM;以 C 为圆心,CM 为半径画半圆交 EF 于点 M₁、M₂	过点 M₁、M₂ 作 CD 的平行线交 EG、FH 于 1、2、3、4 点;将点 A、1、C、4、B、3、D、2、A 依次光滑连接

三、线与弧的连接　　　　　　　　　　　　　THREE

线与弧的连接有直线间的圆弧连接、直线与圆弧连接、圆弧与圆弧连接等。线与弧的连接如表 1-4 所示。

表 1-4　线与弧的连接

种类	步骤一	步骤二	步骤三
作圆弧与正交两直线连接	作正交两直线 AB、AC,确定半径 R	以 A 为圆心、R 为半径作圆弧交 AC、AB 于 T₁、T₂,以 T₁、T₂ 为圆心,R 为半径作圆弧交于点 O	以 O 为圆心、R 为半径作圆弧 $\overparen{T_1T_2}$,$\overparen{T_1T_2}$ 即为所求,T₁、T₂ 为连接点
作圆弧与已知圆弧外接	作半径为 R₁、R₂,圆心为 O₁、O₂ 的两圆弧,确定半径 R	以 O₁ 为圆心、R+R₁ 为半径作圆弧;以 O₂ 为圆心、R+R₂ 为半径作圆弧,与以 O₁ 为圆心所作的圆弧交于点 O	连 O、O₁,交圆弧 O₁ 于连接点 T₁;连 O、O₂,交圆弧 O₂ 于连接点 T₂;以 O 为圆心、R 为半径,画连接弧 $\overparen{T_1T_2}$
作圆弧在一已知圆弧内与另一已知圆弧外接	作半径为 R₁、圆心为 O₁ 的圆弧与半径为 R₂、圆心为 O₂ 的圆弧,确定半径 R	以 O₁ 为圆心、R₁−R 为半径作圆弧;以 O₂ 为圆心、R+R₂ 为半径作圆弧,与以 O₁ 为圆心所作的圆弧交于点 O	连 O、O₁,延长至圆弧 O₁ 交于连接点 T₁;连 O、O₂,交圆弧 O₂ 于连接点 T₂;以 O 为圆心、R 为半径,画连接弧 $\overparen{T_1T_2}$

续表

种类	步骤一	步骤二	步骤三
作圆弧与斜交二直线连接	作斜交两直线 AB、AC,确定半径 R	分别作出与 AB、AC 平行,相距为 R 的两直线,其交点 O 即为所求圆弧的圆心	过 O 分别作 AC、AB 的垂线,垂足 T_1、T_2 即为所求连接点,以 O 为圆心、R 为半径作连接弧 $\overset{\frown}{T_1T_2}$
作圆弧与直线及圆弧连接	作直线 L 及半径为 R_1、圆心为 O_1 的圆弧,确定半径 R	作与直线 L 平行、相距为 R 的直线 N; 以 O_1 为圆心、$R+R_1$ 为半径,作圆弧交直线 N 于 O	连接 O、O_1 交已知圆弧于连接点 T_1; 过 O 作直线垂直于 L,垂足 T_2 为另一连接点; 以 O 为圆心、R 为半径,作连接弧 $\overset{\frown}{T_1T_2}$
作圆弧与两已知圆弧内接	作半径为 R_1、R_2,圆心为 O_1、O_2 的圆弧,确定半径 R	以 O_1 为圆心,$R-R_1$ 为半径作圆弧; 以 O_2 为圆心,$R-R_2$ 为半径作圆弧,与以 O_1 为圆心所作的圆弧交于点 O	连 O、O_1,延长至与圆弧 O_1 交于连接点 T_1; 连 O、O_2,延长至与圆弧 O_2 交于连接点 T_2; 以 O 为圆心、R 为半径,画连接弧 $\overset{\frown}{T_1T_2}$

第二篇
理论篇

HUANJING YISHU

SHEJI SHITU

YU ZHITU

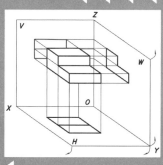

第二章

正投影的基本知识 ◀◀◀

第一节　三面正投影图

一、正投影的三面投影概念　　　　　　　　　　　　　　　ONE

正投影是平行投影的一种,它的投影特点是能够如实反映被投影形体的一个面。但是,不同形状的物体,它们在同一个投影面上的正投影可能是相同的。因此,物体的一个正投影图不能完全反映空间物体的形状。

通常物体都是三维的,因此,要确定空间物体的形状,可以采用三个互相垂直的平面作为投影面,构成三投影面体系,将物体放到三投影面体系中,即可以得到三个投影面的投影,用来综合反映空间形体的实际状态,这就是正投影的三面投影。三面投影如图 2-1 所示。

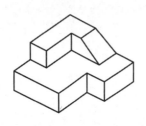
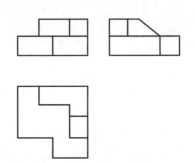

图 2-1　三面投影

二、三面正投影图　　　　　　　　　　　　　　　　　　　TWO

1. 三面正投影图的形成

在三投影面体系中,水平位置的投影称为水平投影,该投影面也称水平面,用 H 表示。水平投影图是光线由上向下投射、形体在水平面上所得到的投影图。与水平投影面垂直且相交的正立位置平面,称为正立投影面,也称正立面,用 V 表示。正立面投影图是由前向后投射、形体在正立投影面上所得到的投影图。位于右侧与水平投影面和正立投影面垂直且相交的平面称为侧立投影面,也称侧面,用 W 表示。侧立面投影图是由左向右投射、形体在侧立投影面上所得到的投影图。三面投影的形成如图 2-2 所示。

为了便于作图,要将三个投影面转移在同一平面上,并使之保持投影对应关系。依规定,正立投影面不动,将水平投影面绕 OX 轴向下旋转 $90°$,将侧立投影面绕 OZ 轴向右旋转 $90°$,分别摊平在正立投影面的下面和右面,这时 OY 轴被分于两处,分别用水平投影面的 OY_H 和侧立投影面的 OY_W 表示。

2. 三面正投影图之间的对应关系

1）三面正投影图的位置关系

从图 2-3 可以看出,以正立面投影作为参考,水平面投影位于其下方,并且与其投影是对正关系;侧立面投影位于正立面投影的右方,并且与其是对齐关系。

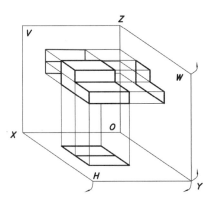

图 2-2　三面投影的形成

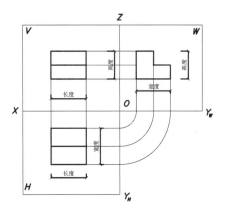

图 2-3　三面投影的位置关系

2）三面正投影图的投影关系

正立面投影(V 面投影)反映物体的长度和高度,用(X,Z)表示。

水平面投影(H 面投影)反映物体的长度和宽度,用(X,Y)表示。

侧立面投影(W 面投影)反映物体的宽度和高度,用(Y,Z)表示。

可归纳得出三面正投影图的特点。

长对正(左右方位):正立面投影图(V 面投影)与水平面投影图(H 面投影)同时反映物体的长度,在 OX 轴上长相等且展开后两投影左右对齐,因此其投影长对正。

高平齐(上下方位):正立面投影图(V 面投影)与侧立面投影图(W 面投影)同时反映物体的高度,在 OZ 轴上高相等且展开后两投影上下对齐,因此其投影高平齐。

宽相等(前后方位):水平面投影图(H 面投影)与侧立面投影图(W 面投影)同时反映物体的宽度,因此其投影宽相等。

3. 形体三面正投影图绘图方法与步骤

（1）绘制出投影轴,即水平和垂直的十字交线。

（2）利用三等关系作图。正立面图和水平面图等长;正立面图和侧立面图等高;水平面图和侧立面图等高。

第二节　点 的 投 影

点是基本的几何元素,点没有大小,只有空间位置,是组成空间形体的基本单位。要正确表示形体,必须掌握点的投影规律。

一、点的三面投影　　　　　　　　　　　　　　　　　　　　　ONE

点 A 分别向投影面 H、V、W 作投射线,其垂足分别为 a、a'、a'',其水平投影用"a"表示,正面投影用"a'"表示,侧立面投影用"a''"表示。点 a_X、a_Y、a_Z 分别为点的投影到投影轴 OX、OY、OZ 的垂足。点的三面投影如图 2-4 所示。

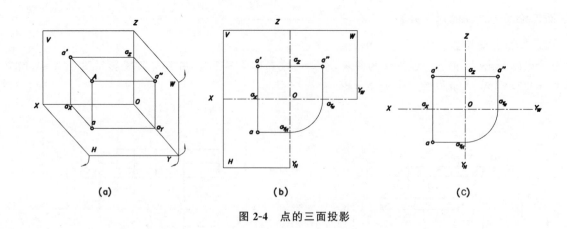

图 2-4　点的三面投影

二、点的坐标关系　　　　　　　　　　　　　　　　　　　　　TWO

　　将投影面当作坐标面,投影轴当作坐标轴,O 为坐标原点。空间点 A 的坐标就是该点到坐标面(投影面)的距离,也就等于点的投影到相应投影轴的距离。

　　点 A 到 H 面的距离 Aa 为 A 的 Z 轴坐标,$A_Z = a'a_X = a''a_Y$。

　　点 A 到 V 面的距离 Aa' 为 A 的 Y 轴坐标,$A_Y = aa_X = a''a_Z$。

　　点 A 到 W 面的距离 Aa'' 为 A 的 X 轴坐标,$A_X = aa_Y = a'a_Z$。

　　点的三面投影与坐标关系如图 2-5 所示。

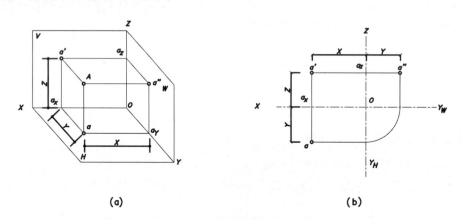

图 2-5　点的三面投影与坐标关系

三、点的投影规律　　　　　　　　　　　　　　　　　　　　　THREE

　　点的投影仍然是点。

　　点的正面投影 a' 和水平投影 a 的连线与 X 轴垂直,即 $aa' \perp OX$。

　　点的正面投影 a' 和侧面投影 a'' 的连线与 Z 轴垂直,即 $a'a'' \perp OZ$。

　　点的水平投影 a 到 OX 轴的距离等于其侧面投影 a'' 到 OZ 轴的距离,$aa_X = a''a_Z$。

四、点的作图 FOUR

已知点 $A(20,15,10)$，单位为 mm，求作点的三面投影。

根据已知条件，在 OX 轴由 O 点自右向左量取 20 mm，得 a_X；过 a_X 作 OX 轴垂直线，并在该线上由 a_X 点向下量取 15 mm，得水平投影 a，向上量取 10 mm，得正面投影 a'；自 a' 点作 OZ 轴的垂直线交于 a_Z 并延长，自 a_Z 向右量取 15 mm，得侧面投影 a''。

五、点的相对位置 FIVE

三面投影中，OX 轴表示左右位置关系，坐标值大者在左边，小者在右边；OY 轴表示前后位置关系，坐标值大者在前边，小者在后边；OZ 轴表示上下位置关系，坐标值大者在上边，小者在下边。通过判断两点的同面投影，就可综合判断出两点的相对位置。

如图 2-6 所示，以 A 点为标准点，$a_X > b_X$，$a_Y < b_Y$，$a_Z > b_Z$，故 B 点在 A 点的右下前方；同理 A 点在 B 点的左上后方。

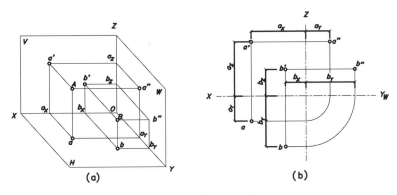

图 2-6　点的相对位置

假如两点位于同一投射线上，则其在相应投影面上的投影必重叠。重叠的投影称为重影，重影的空间两点称为重影点。沿投射线方向看，离投影面近的点被离投影面远的点遮挡。被遮挡的点为不可见点。重影中的不可见点的投影字母要加括号表示。

第三节　线的投影

空间直线对于投影面一般有三种位置关系，即存在三种位置线：投影面平行线、投影面垂直线和一般位置直线。

一、投影面平行线 ONE

1. 定义

平行于某一个投影面而倾斜于另外两个投影面的直线称为投影面平行线。

2. 分类

正平线:平行于 V 面而倾斜于 H、W 面的直线。

水平线:平行于 H 面而倾斜于 V、W 面的直线。

侧平线:平行于 W 面而倾斜于 H、V 面的直线。

3. 投影特性

投影面平行线的投影仍然是线。

(1) 在平行的投影面上的投影反映实长,并且该投影与投影轴的夹角等于直线对其他两个投影面的倾角。

(2) 直线在另外两个投影面上的投影分别平行于相应的投影轴,但其长度缩短。

投影面平行线投影特性如表 2-1 所示。

表 2-1　投影面平行线投影特性

名称	水平线($AB/\!/H$)	正平线($AB/\!/V$)	侧平线($AB/\!/W$)
立体图			
投影图			

二、投影面垂直线　　　　　　　　　　　　　　　　　　　　TWO

1. 定义

垂直于一个投影面、平行于另外两个投影面的直线称为投影面垂直线。

2. 分类

正垂线:垂直于 V 面,平行于 H、W 面的直线。

铅垂线:垂直于 H 面,平行于 V、W 面的直线。

侧垂线:垂直于 W 面,平行于 H、V 面的直线。

3. 投影特性

(1) 投影面垂直线在所垂直的投影面上的投影积聚成一点。

(2) 投影面垂直线在另外两个投影面上的投影仍然是线,同时平行于一条相应的投影轴且反映实长。

投影面垂直线投影特性如表 2-2 所示。

表 2-2 投影面垂直线投影特性

名称	铅垂线	正垂线	侧垂线
立体图			
投影图			

三、一般位置直线　　　　　　　　　　　　　THREE

1. 定义

与三个投影面均倾斜的直线称为一般位置直线。

2. 投影特性

（1）一般位置直线的三个投影仍然是线，但均小于实长。

（2）一般位置直线的各个投影都倾斜于投影轴，并且各个投影与投影轴的夹角都不反映该直线对投影面倾角的真实大小。

一般位置直线投影特性如图 2-7 所示。

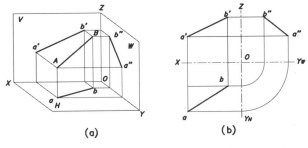

(a)　　　　　　　(b)

图 2-7　一般位置直线投影特性

四、直线上点的投影特性　　　　　　　　　　FOUR

（1）直线上的点的投影，一定落在该直线的同面投影上。

如图 2-8 所示，点 C 在直线 AB 上，其投影在直线 AB 的同面投影上。

（2）若直线上的点分线段成比例，则该点的各投影也相应分线段的同面投影成相同比例。

如图 2-9 所示，$AC:CB = ac:cb = a'c':c'b'(=a''c'':c''b'')$。

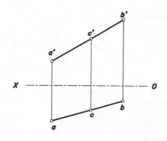

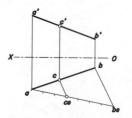

图 2-8　直线上点的投影在直线同面投影上　　图 2-9　直线上点的投影分线段的同面投影成相同比例

五、两直线的相对位置 FIVE

1. 两直线相交

判断两直线是否相交:若为一般位置直线,只需判断两直线在其两面投影上是否相交,即交点不仅在两条直线的同面投影上,且交点符合点的投影规律;若为投影面垂直线,则需看其三面投影。两直线相交如图 2-10 所示。

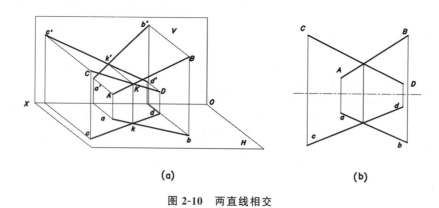

(a)　　　　　　　　　　　　　(b)

图 2-10　两直线相交

2. 两直线平行

两平行直线在同一投影面上的投影相互平行。判断两条一般位置直线是否平行,则只需看其两面投影是否为平行线;若其为某一投影面的平行线,则需要判断三投影面投影是否都是平行线。若是,则两直线为平行线;若不是,则不为平行线。两直线平行如图 2-11 所示。

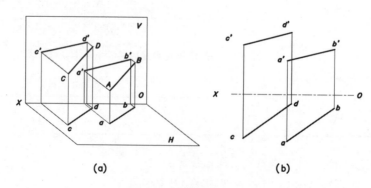

(a)　　　　　　　　　　　　　(b)

图 2-11　两直线平行

3. 两直线交叉

两直线既不平行也不相交即称两直线交叉。两直线交叉如图 2-12 所示。

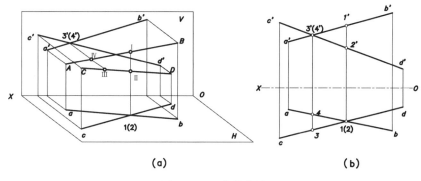

图 2-12　两直线交叉

4. 两直线相互垂直

两直线相互垂直如图 2-13 所示。

（1）当两直线相交成直角,且两直线同时平行于某一投影面时,其在该投影面上的投影必为直角。

（2）当两直线互相垂直,且都不平行于某投影面时,其夹角在该投影面上的投影必定不是直角。

（3）当两直线互相垂直,且有一直线平行于某投影面时,它在该投影面上的投影仍然是直角。

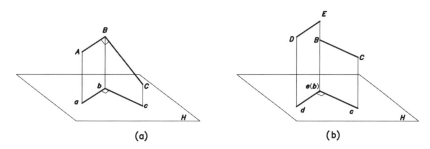

图 2-13　两直线相互垂直

第四节　平面的投影

一、平面表示方法　　　　　　　　　　　　　　　　　　　　ONE

平面可以用以下几何元素确定和表示。

（1）不在同一直线上的三个点。

（2）一直线和直线外一点。

（3）两相交直线。

（4）两平行直线。

（5）任意平面图形。

二、平面投影的画法　　　　　　　　　　　　　　　　TWO

从投影规律中不难发现，线是由点组成的，面则是由线组成的。根据此情况，将平面投影画法总结如下。

（1）根据面的各个顶点坐标值，先画出平面各个顶点的投影。

（2）将各个顶点的同面投影依次连接，得出图形即为平面在各个投影面的投影。

三、各种位置平面投影的特性　　　　　　　　　　THREE

1. 投影面平行面

1）概念

平行于一个投影面，且与另两个投影面都垂直的平面称为投影面平行面。

平行于 H 面，且与 V、W 面垂直的面称为水平面。

平行于 V 面，且与 H、W 面垂直的面称为正平面。

平行于 W 面，且与 V、H 面垂直的面称为侧平面。

2）投影特性

投影面平行面在所在的投影面上的投影仍然是面，且反映实形；在另外两个面上的投影积聚成线段，且分别平行于相应投影轴。

投影面平行面的投影特性如表 2-3 所示。

表 2-3　投影面平行面的投影特性

名称	水平面	正平面	侧平面
立体图			
投影图			

2. 投影面垂直面

1）概念

垂直于一个投影面而与另外两个平面都倾斜的平面称为投影面垂直面。

垂直于 H 面，而倾斜于 V 面和 W 面的平面，称为铅垂面。

垂直于 V 面，而倾斜于 H 面和 W 面的平面，称为正垂面。

垂直于 W 面,而倾斜于 V 面和 H 面的平面,称为侧垂面。

2)投影特性

投影面垂直面在所垂直的投影面上的投影积聚成一线段,且与投影轴倾斜;所夹角度反映该平面对另外两个投影面倾角的真实大小。

另外,投影面垂直面在另两个投影面上的投影仍然是面,且为该平面类似形状的平面。

投影面垂直面的投影特性如表 2-4 所示。

表 2-4 投影面垂直面的投影特性

名称	铅垂面	正垂面	侧垂面
立体图	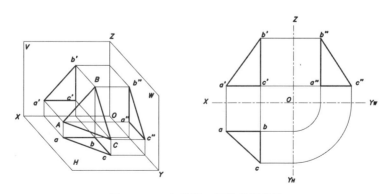		
投影图			

3. 一般位置平面

1)概念

对三个投影面都倾斜的平面,称为一般位置平面。

2)投影特性

一般位置平面在各个投影面上的投影均为类似形,各个投影均不反映该平面的实际形状,其与投影轴的夹角也不反映该平面对相应投影面的倾角。

一般位置平面的投影特性如图 2-14 所示。

图 2-14 一般位置平面的投影特性

第五节　点、线、面的投影关系

平面、直线和点的关系如下。

若一直线通过平面上的两点,则此直线在该平面上。

若一直线通过平面上一点,并且平行于平面上另一直线,则此直线必在该平面上。

若点在平面上的任一直线上,则该点必在该平面上。

点、线、面的投影关系如图2-15所示。

已知平面三角形 ABC 上一点 K 的 V 面投影 k',求点 K 的 H 面投影 k。

作图:①过点 k' 作直线与 $b'a'$、$b'c'$ 分别交于 m'、n' 点;②由 m'、n' 分别作 OX 轴垂线,与 ba、bc 分别交于 m、n,连点 m、n;③过点 k' 作 OX 轴垂线,交 mn 于 k,k 即为所求的投影。

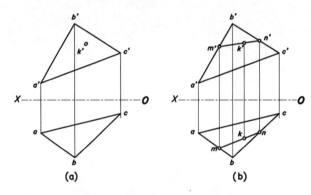

图 2-15　点、线、面的投影关系

第三章

体 的 投 影 ⟪⟪⟪

实际生活中的任何复杂物体都可以看作是一些基本几何体的组合。

基本几何体可分为平面体和曲面体两种类型。表面由平面组成的几何体称为平面体。表面由平面和曲面，或者全由曲面组成的几何体称为曲面体。

第一节　平　面　体

在实际生活中的许多物体属于平面体。

根据投影关系，平面体可分为长方体和斜面体两种。

一、长方体　　　　　　　　　　　　　　　　　　　　　　　　ONE

六面围合体的上下、前后、左右平行且相邻表面两两垂直的形体（如砖）即是长方体。将长方体放在空间直角坐标体系中，且与投影面平行，则其三面投影图反映了长方体的三个面的实际形状与大小。长方体如图 3-1（a）所示。

二、斜面体　　　　　　　　　　　　　　　　　　　　　　　　TWO

斜面体是带有斜面的平面体，如棱锥、棱台、房屋坡顶。

将四棱锥放在空间直角坐标体系中，四棱锥底面与水平投影面平行，其投影为围合的四边形，反映底面的形状与大小。另外的投影面反映锥面的形状，但不能反映其大小。

斜面体如图 3-1（b）所示。

（a）长方体　　　　　　　　　　　　　　　（b）斜面体

图 3-1　平面体

第二节　曲　面　体

实际生活中常见的曲面体有圆锥体、圆柱体和球体等，它们都是由直线或曲线回转运动产生的。此类由回转面构成或者由回转面与平面构成的曲面体称为旋转体或回转体。

一、圆柱体　　　　　　　　　　　　　　　　　　　　　　　　　　　　　　ONE

当圆柱体底面、顶面平行于水平投影面时，其水平投影为圆，反映底面和顶面的实形，底面、顶面重影。其他两面投影为矩形，反映可见圆柱面的轮廓；左右竖直直线是圆柱体可见面与不可见面的分界线，称轮廓素线，即母线运动到柱面最前、最后、最左、最右位置时形成的素线。圆柱体如图 3-2 所示。

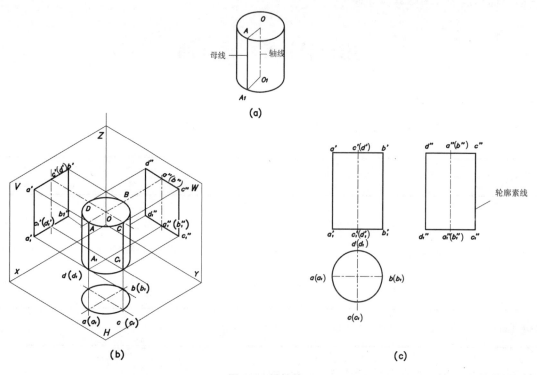

图 3-2　圆柱体

二、圆锥体　　　　　　　　　　　　　　　　　　　　　　　　　　　　　　TWO

当圆锥体底面平行于水平投影面时，其水平投影既是锥面投影，也是底面的投影，且反映底面的实形。其他两面投影为三角形，反映可见圆锥面的轮廓；三角形的底边为圆锥底面的积聚投影，三角形两相等斜边为圆锥面可见面与不可见面的分界线，称轮廓素线，即母线运动到锥面最前、最后、最左、最右位置时形成的素线。圆锥体如图 3-3 所示。

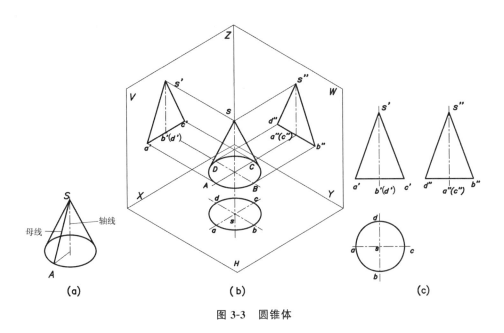

图 3-3　圆锥体

三、球体

THREE

在空间直角坐标系中，球体的三面投影均为圆，该投影圆反映的是不同位置的球面轮廓。球体如图 3-4 所示。

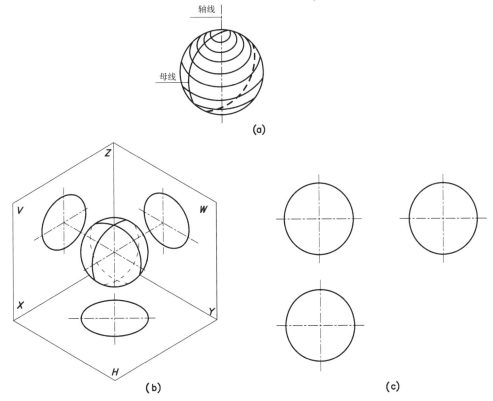

图 3-4　球体

第三节　体的截交与相贯

在实际生活中许多形体都是复杂形体,是由多个不同简单几何体截剖组合形成或相交组合形成的。在复杂组合形体的表面上,经常出现一些交线,这些交线就是体的截交线或相贯线。体的截交与相贯如图 3-5 所示。

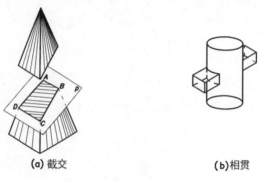

(a)截交　　　　　　　　　(b)相贯

图 3-5　体的截交与相贯

一、体的截交　　　　　　　　　　　　　　　　　　　　　ONE

1. 平面体的截交线

假想平面截断形体后,总能得到一条封闭折线。折线上某一线段为形体一个面与假想平面的交线,转折点为体上棱线与假想平面的交点。

求截交线就是求点。平面体的截交线(四棱锥)如图 3-6 所示。

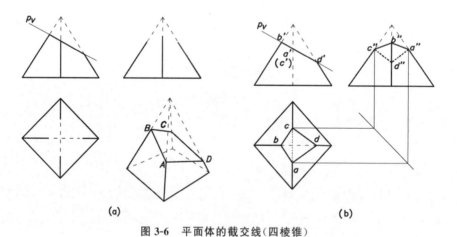

(a)　　　　　　　　　　　　　　　　(b)

图 3-6　平面体的截交线(四棱锥)

2. 曲面体的截交线

曲面体被假想平面截断后,其截交线有两个基本特征:①为一条封闭的平面曲线或直线;②为公有点的集合。求截交线即是先求公有点,然后连接各点。曲面体的截交线如图 3-7 所示。求曲面体上点的投影的常见方法有素线法和纬圆法,以圆锥为例,如图 3-8 所示。

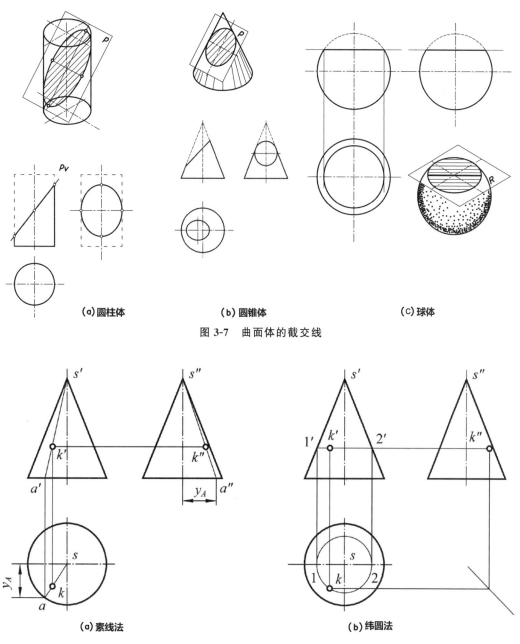

（a）圆柱体　　　　　　　（b）圆锥体　　　　　　　（c）球体

图 3-7　曲面体的截交线

（a）素线法　　　　　　　　　　　　（b）纬圆法

图 3-8　素线法与纬圆法

二、体的相贯　　　　　　　　　　　　　　　　　　　　　TWO

两形体相交得到的形体称为相贯体，它们的表面交线称为相贯线。

相贯线是公有线，相贯线上的点是公有点。

两平面体相贯得到的相贯线可能是封闭的平面折线，也可能是封闭的空间折线。

两曲面体相贯得到的相贯线一般为封闭的平面曲线或空间曲线。

平面体与曲面体相贯得到的相贯线为若干段平面曲线或若干段平面曲线与直线组成，转折点为平面体上棱线对曲面体表面的贯穿点。

求相贯线的方法是利用空间线面的投影特点及相互关系来进行作图。其中主要方法有如下几种。

(1)两平面体相贯的辅助线法,如图 3-9 所示。

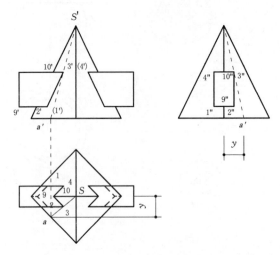

图 3-9 两平面体相贯的辅助线法

(2)平面体与曲面体相贯的素线法,如图 3-10 所示。

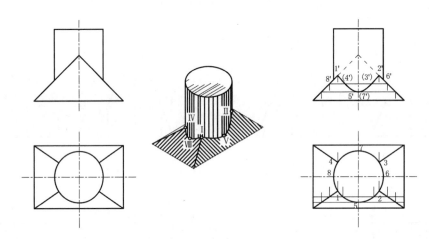

图 3-10 平面体与曲面体相贯的素线法

(3)两平面体相贯的辅助面法,如图 3-11 所示。

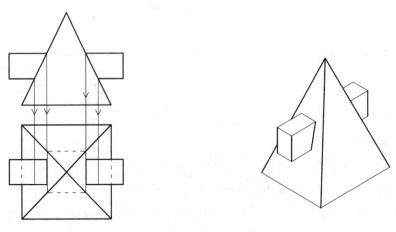

图 3-11 两平面体相贯的辅助面法

（4）平面体与曲面体相贯的纬圆法，如图 3-12 所示。

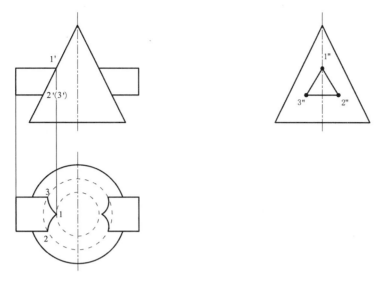

图 3-12 平面体与曲面体相贯的纬圆法

（5）两曲面体相贯的辅助平面法。

三、同坡屋面　　　　　　　　　　　　　THREE

房屋檐口高度在同一水平面上且各坡面水平倾角相同的坡顶屋面称为同坡屋面。同坡屋面如图 3-13 所示。

同坡屋面建筑造型较协调美观，其投影特征主要有如下三种。

（1）前后檐口线平行且等高时，坡面必相交成水平的屋脊线，其水平投影平行于檐口线的水平投影且与两檐口线等距。

（2）檐口线相交的相邻两个坡面，必相交于倾斜的斜脊线或天沟线（斜脊位于凸墙角，天沟位于凹墙角），其水平投影为两檐口线水平投影的夹角平分线。当檐口线相交成直角时，斜脊线或天沟线与檐口线水平投影成45°角。

（3）在屋面上有两斜脊、两天沟或一斜脊一天沟相交于一点时，必有第三条屋脊线通过该点。此点为相邻屋面的公有点。

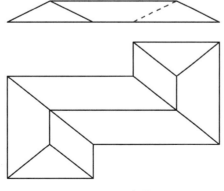

图 3-13 同坡屋面

第四节　剖面图与断面图

一、剖面与断面(截面)的概念　　　　　　　　　　　　　　　　　ONE

画内部复杂的形体(如房屋)投影图时,需用虚线表示看不见的部分,会出现虚实线交错、混淆不清的情况,既不便标注尺寸,又难读懂图纸。解决的办法就是:用假想的剖切平面将形体切去部分,暴露形体的内部情况,对其内部情况用正投影的方法进行图示。

假想剖面与物体相交形成的平面图形称为截面投影,也称为截面图。假想剖面与物体相交形成的平面图形连同形体未被剖切部分的全体投影称为剖面图。截面图是面的投影,剖面图是体的投影。同一形体的相同位置的截面图包含在剖面图中。剖面与断面(截面)如图3-14所示。

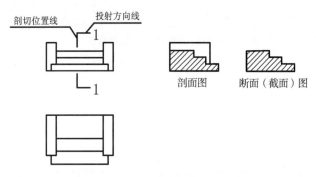

图 3-14　剖面与断面(截面)

二、剖面图画法　　　　　　　　　　　　　　　　　　　　　　TWO

1. 剖切平面位置、图示线型与材料图例

剖切平面一般要求设置在剖切后投影能充分反映形体内部情况的位置,即要能充分显示内部状态,比如洞、门、窗、楼梯。

剖面轮廓线一般用中实线。不需要注明材料时剖面线可用细实线并成45°角。需要明确材料时,则按国家标准进行图示。

2. 剖面图标注

1)剖切位置线

剖切位置线指示假想剖面的剖切位置,在投影图中用两段粗实线表示,长6～10 mm为宜。

2)剖视方向线

剖视方向线表示剖切后的投影方向,在剖切位置线末端外侧画垂直粗实线表示,长4～6 mm为宜。

3)剖面编号

为明确不同剖面一般采用阿拉伯数字进行编号,书写在表示投影方向的短粗实线一侧。剖面编号按顺序由左至右、由上至下编排。为方便读图,常在剖视图的下方或一侧标注编号及图名,并在编号及图名下画一粗横线。剖面图的标注如图3-15所示。

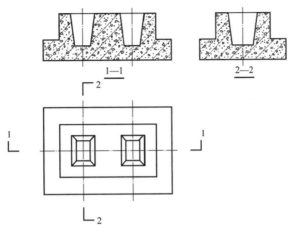

图 3-15 剖面图的标注

3. 剖面图种类与画法

为清楚地表达形体内部与外部构造,根据形体复杂程度和实际需求可用剖面图表示。常用剖面图种类有全剖面图、半剖面图、阶梯剖面图、局部剖面图、分层局部剖面图等。

1)全剖面图

假想剖切平面完全地剖开形体所得到的剖面图,称全剖面图。全剖面图主要用来表达外形简单、内部形态复杂且不对称的形体。全剖面图如图 3-16 所示。

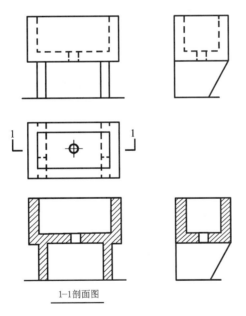

1—1剖面图

图 3-16 全剖面图

2)半剖面图

假想剖切平面将形体剖开一半所得到的剖面图,称半剖面图。半剖面图适用于内部对称且需同时表达内、外形态的形体。半剖面图如图 3-17 所示。

3)阶梯剖面图(转折剖面图)

当形体内部有两个不在同一轴线上的空间形态需要用一个视图表达时,可采用阶梯剖面图。阶梯剖面图为采用两个相互平行的假想剖面通过不同空间投影得到的剖面图。阶梯剖面图一般只能转折一次。阶梯剖面图如图 3-18 所示。

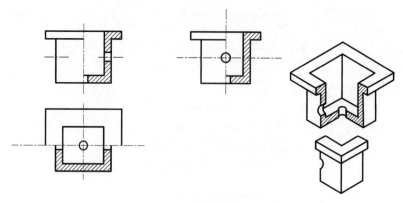

图 3-17　半剖面图

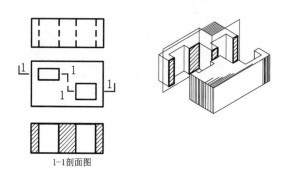

1-1剖面图

图 3-18　阶梯剖面图

4）局部剖面图

当形体只是需要表达内部局部形态时,可将形体进行局部剖切,得到的剖面图称为局部剖面图。剖视部分与未剖视部分的分界线采用波浪线。局部剖面图如图 3-19 所示。

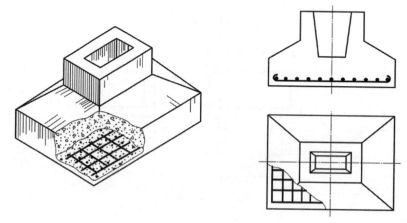

图 3-19　局部剖面图

5）分层局部剖面图

当形体为多层次构造且需要在一张图纸上表达时,可用分层局部剖切的方法,作出的视图称为分层局部剖面图。分层局部剖面图如图 3-20 所示。

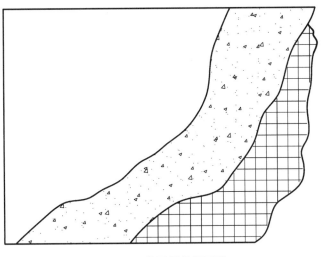

图 3-20　分层局部剖面图

三、截面图画法

1. 截面图的标注

截面图的剖切位置一般设在需要表达形体内部形态的地方。截面图的剖切线用两粗短直线表示,不画投影方向线,而是用截面编号的注写位置表示投影方向。不注明形体材质截面的用 45°细实线表示,要注明形体材质的按国家规定图例表示。截面图的标注如图 3-21 所示。

2. 截面图种类与画法

1）移出截面

截面图在投影图之外的,称为移出截面。截面图可放置在图纸的任意位置,但需要在剖切处及截面图下方加注编号及图名。移出截面如图 3-22 所示。

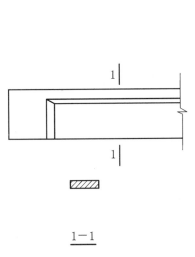

图 3-21　截面图的标注

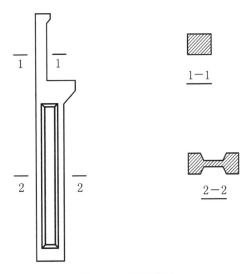

图 3-22　移出截面

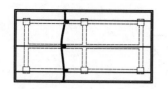

图 3-23　重合截面(折倒截面)

2)重合截面(折倒截面)

截面图直接画在视图内的,称为重合截面,是用假想剖切面剖开形体后将截面向右方旋转,使它与投影图重合得到的。其截面轮廓线应该加粗以使其与投影图线条区分,并在截面图轮廓线内部加画 45°细斜线或涂黑处理。重合截面(折倒截面)如图 3-23 所示。

第五节　标高投影

在总平面图上地形地貌如广场、房屋、道路等需要用标高投影表达高度。标高投影(也称标高投影图)是在形体的水平投影上用文字标出各处高度的单面正投影图。

一、画法 ONE

用一组等距假想平面剖切形体,得到相应的一组交线,将交线投影在水平投影面上即得到标高投影图。标高投影如图 3-24 所示。

每一假想平面与形体的交线上的每一点到水平面的距离相等,此交线称为等高线,标高投影图即等高线图。

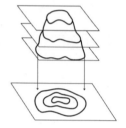

图 3-24　标高投影

二、等高线的特性 TWO

(1)等高线上各点的高程相同。

(2)等高线是闭合曲线。

(3)等高线的水平间距的大小,表示地形的缓陡。水平间距大,表示地形缓;水平间距小,表示地形陡。

(4)等高线一般不会相交或重叠,只有在悬崖处等高线才可能出现相交情况。

(5)要表示地貌的特征和坡向,至少需要两条等高线。

三、标高投影的应用 THREE

(1)根据地形地貌特征,改变地形坡度,进行设计项目总体规划及竖向设计。

(2)进行平整场地及土方工程量设计计算。

(3)进行削山平脊、平垫沟谷设计。

(4)进行道路设计计算。

第六节　透视图与轴测图

透视图和轴测图一样,都是一种单面投影。不同之处在于,透视图是用中心投影法画出的图形,轴测图是用平行投影法画出的图形。用中心投影法画出的透视图符合人眼的视觉习惯,感觉逼真,但作图复杂。用平行投影法画出的轴测图变形失真较大,但作图相对简单。

一、透视图 ONE

1. 透视图特点与分类

透视图和正投影图相比较,其最明显的特点就是,形体距观察者越近,投影越大,距离越远,投影越小,即近大远小。等宽的形体在透视图中近宽远窄;等高的形体在透视图中近高远矮;纵深方向的平行直线在透视图中不再平行,越远越聚拢,最终消失于一点,这个点称为灭点(消失点)。

根据观察者的位置及视线角度不同,透视图因灭点的不同分为一点透视、两点透视和三点透视。常见透视图为一点和两点透视。

2. 透视图画法

1)常用术语

画面 P ——假想铅垂透明平面,即画透视图的平面。

基面 G ——放置形体的水平面。

基线 G_L ——画面与基面的交线。

视点 S ——投射中心(观察者的眼睛)。

站点 S_p ——视点在基面上的投影,观察者站立位置。

心点 V_c ——视点在画面上的投影。

视高 V_h ——视点与站点的距离。

视距 V_a ——视点至画面的距离。

视平线 H_L ——过视点的视平面与画面的交线。

灭点 V ——直线透视的无穷远点,即消失点。

透视图常用术语如图 3-25 所示。

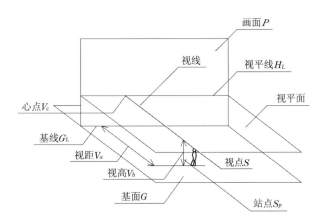

图 3-25　透视图常用术语

2)透视投影规律

(1)点的透视仍为一个点。

(2)直线的透视一般仍为直线。直线上点的透视,必在直线的透视上。

(3)平行于画面的直线没有灭点,其透视与该直线平行,但不反映实长。

(4)位于画面上的直线,其透视与该直线本身重合且反映实长。

（5）与画面相交的平行直线组必有共同的灭点,其中水平线的灭点必位于视平线上。

3）透视参数的选择

（1）视距。视距 D 一般由画面宽度 B 确定。在绘制室外景观时宜选 $D=(1.5\sim2.0)B$。在绘制室内景观时宜选 $D<1.5B$。透视参数（视距）的选择如图 3-26 所示。

（2）视高。视平线高低的变化,对形体透视图影响很大。视高一般取人平均身高 1.6~1.8 m;为取得特殊效果,可适当提高至 3~5 m 或降低。

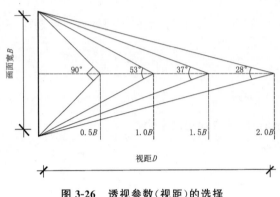

图 3-26 透视参数(视距)的选择

4）一点透视画法

例 3-1 已知台阶的正立面图和水平面图,且已知站点、基线、视平线、画面线,求作台阶一点透视图。
台阶的一点透视如图 3-27 所示。

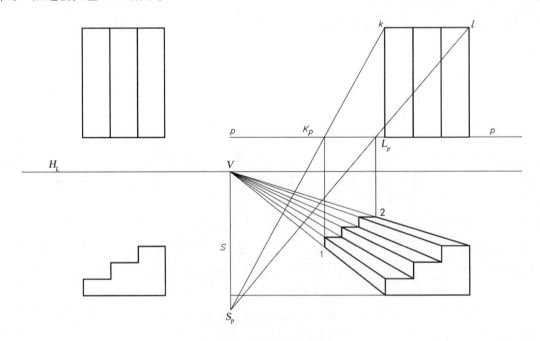

图 3-27 台阶的一点透视

（1）求灭点 V。因宽度方向直线均为水平线,故其灭点必在视平线上。过站点 S_p 作视平线 H_L 的垂线,交点 V 就是灭点。

（2）求宽度方向透视。因正立面在画面上,正立面各点透视为其本身。连接各点与 V 点得到宽度方向透视。

（3）求台阶后正立面的透视。连接 S_p、k 交画面线 p—p 于 K_p，过 K_p 点向下引垂线与宽度方向透视线交于点 1，用同样方法求出点 2，依次作水平线和铅垂线，即求得台阶后正立面透视，注意被遮挡部分透视不需画出。

（4）检查整理，加深图线。

例 3-2　已知室内空间尺寸（长×高×宽）为 6 m×3 m×4 m。求作室内网格一点透视图。

室内网格的一点透视如图 3-28 所示。

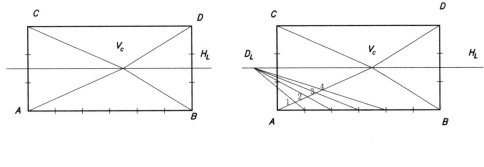

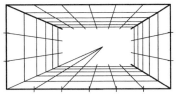

图 3-28　室内网格的一点透视

（1）根据已知长×高尺寸按比例画长方形 $ABDC$。

（2）以 AB 作基线，选定适当视高后画视平线，并在视平线上选定心点 V_c，将 A、B、C、D 各点与 V_c 连接得墙角线的透视。

（3）在视平线上确定视距点 D_L，过基线上表示宽度的各点与 D_L 连线，并交 AV_c 于点 1、2、3、4，过点 1～4 作 $ABDC$ 的相似形即为墙面透视。

（4）根据分割点画网格，检查整理，完成图线。

5）两点透视画法

例 3-3　已知长方体的平面图及高度 h，且已知基线、视平线、画面线、站点。求作长方体两点透视图。

两点透视画法如图 3-29 所示。

（1）求灭点。

过站点 S_p 作长方体长、宽边的平行线，并与画面线 P—P 相交于 f_x、f_y（灭点的水平投影）。过 f_x、f_y 两点作垂线与视平线相交得交点 F_x、F_y，此二点即为所求灭点。

（2）确定长宽边的透视方向。

点 a 既在画面上，又在基面上。过点 a 作垂线与基线相交，得交点 a_G，连接 a_GF_x 和 a_GF_y，即得到长宽方向的全长透视。

（3）作长方体底面的透视。

过点 S_p 分别与 a、b、c、d 连线，同画面线相交于点 b_p、c_p、d_p，再过点 b_p、c_p、d_p 作垂线同长宽方向的全长透视线相交于点 b_o、c_o、d_o，连接 $a_Gb_oc_od_o$，即得长方体底面的透视。

（4）求长方体高的透视。

棱 $A_G a_G$ 位于画面上，反映实际高度，故从 a_G 点量长方体高度 h 即得点 A_G，过 A_G 分别作 F_x、F_y 连线，与各侧棱交于点 B_G、D_G。连接 $B_G F_y$、$D_G F_x$，两线交于 C_G，即完成长方体高的透视。

（5）连接各透视点，整理检查，加粗图线。

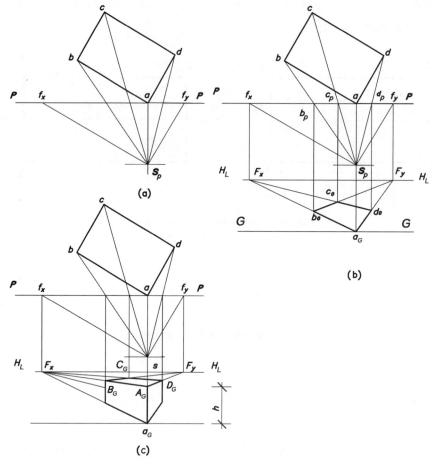

图 3-29　两点透视画法

二、轴测图　　　　　　　　　　　　　　　　　　　　　TWO

1. 轴测图的特点与分类

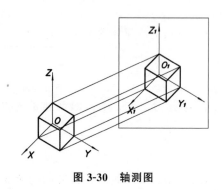

图 3-30　轴测图

在一组平行光线照射下，形体及空间坐标系的三个坐标轴在新的投影面上投影获得的图称为轴测图。轴测图如图 3-30 所示。

轴测图投影的特点：①直线的投影仍是直线；②空间平行线的投影仍然平行；③空间平行线段长度之比等于投影长度之比；④与坐标轴平行的直线尺寸可以在图上直接量取。

根据投影方向的不同，轴测图分为两类：正轴测图和斜轴测图。

正轴测图一般适用于形状复杂的小型构配件，可以直接标注尺寸。斜轴测图一般适用于鸟瞰图及给排水、采暖、通风等系统图。

2. 轴测图画法

1）正等轴测投影

投影方向垂直于轴测投影面得到的轴测图称为正轴测图。根据三个轴向变形系数的状况,正轴测图常分为正等轴测图、正二轴测图、正三轴测图。实际工作中常用正等轴测图。

（1）空间位置。

正等轴测图空间位置如图 3-31 所示。三坐标轴与投影面的倾角相同,轴间角相等,变形系数相等。轴向变形系数 $p=q=r=0.82$,实用时简化为 1,以便直接量取作图。一般规定 OZ 轴为铅垂方向。

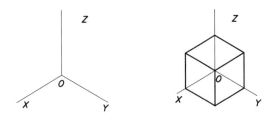

图 3-31　正等轴测图空间位置

（2）作图步骤。

① 了解三视图及实物形状、特点。

② 选择观察角度。

③ 选择轴测轴,确定方位。

④ 选择合适比例。

⑤ 根据平行规律,量取尺寸,作图后检查,整理加深。

（3）作图方法。

① 直接作图法（坐标法）。

利用轴测图和简单形体的长、宽、高间的对应关系,在轴测轴上量取相关尺寸,连接形体各顶点,得到形体的立体图。直接作图法（坐标法）如图 3-32 所示。

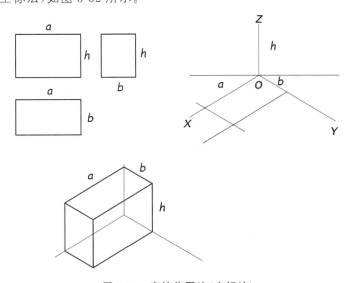

图 3-32　直接作图法（坐标法）

② 装箱作图法(叠加或切割)。

对组合体绘制轴测图可以利用三维最大尺寸设置一箱体,将组合体放于箱体内,再根据组合体组合特征,按照简单体的绘制方法进行叠加作图或切割作图。装箱作图法(切割法)如图 3-33 所示。

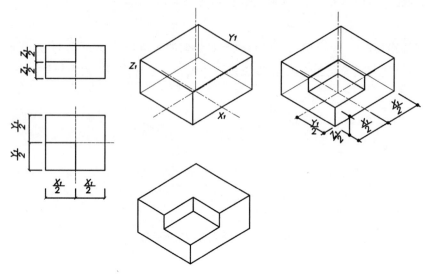

图 3-33　装箱作图法(切割法)

③ 圆的正等测近似作图法(四圆心法)。

圆的正等测近似作图法(四圆心法)如图 3-34 所示。要作平行于 H 面的圆的正等测图,可先画出外切菱形及中心线;然后作四个圆心;最后画弧完成。

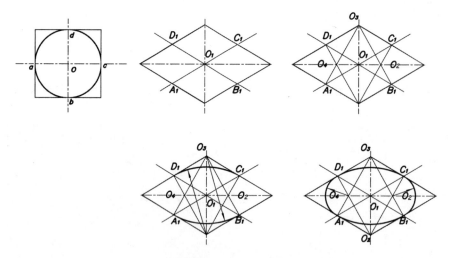

图 3-34　圆的正等测近似作图法(四圆心法)

2)斜轴测投影

投影方向倾斜于轴测投影面得到的轴测图称为斜轴测图。斜轴测图的主要特点是:平行于投影面的平面图形,其投影反映实形;垂直于投影面的直线,其投影长度随投影方向不同而变化;空间平行直线的投影仍平行。

根据形体的一个面(或两个坐标轴)与不同轴测投影面的关系,常将斜轴测图分为正面斜轴测图和水平斜轴测图两种。

（1）正面斜轴测图。

① 正面斜轴测图的空间位置。

将形体的一个面（或两个坐标轴）与正面投影面平行所绘制得到的斜轴测图即为正面斜轴测图。正面斜轴测图空间位置如图 3-35 所示。形体正面投影反映实形；X 轴、Z 轴变形系数为 1，Y 轴变形系数常取为 0.5。轴倾角与变形系数无关，常为 45°。

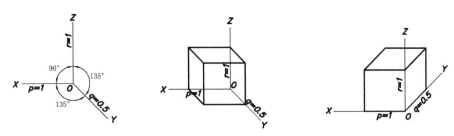

图 3-35　正面斜轴测图空间位置

② 作图步骤。

a. 了解三视图及实物形状特点。

b. 选择观察角度。

c. 选择轴测轴，确定方位。

d. 选择合适比例。

e. 根据平行规律，量取作图，检查并整理加深。

③ 作图方法。

因为正立面反映实形，应将形体较复杂的一面放在与正立面平行的空间位置。因为形体不同，OX 轴与 OY 轴可能对调，不反映实形的轴向变形系数为 0.5，则对调后 OX 轴向变形系数为 0.5。

正面斜轴测图的画法如图 3-36 所示。

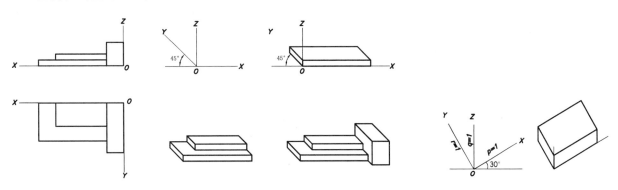

图 3-36　正面斜轴测图的画法　　　　图 3-37　水平斜轴测图空间位置

（2）水平斜轴测图。

① 水平斜轴测图的空间位置。

将形体的一个面（或两个坐标轴）与水平投影面平行所绘制得到的斜轴测图即为水平斜轴测图。形体的水平投影反映实形。作图实际中习惯将 OZ 轴置于铅垂方向，OZ 轴、OX 轴和 OY 轴对水平线成 30°～60°夹角，X 轴、Y 轴轴向变形系数为 1。水平斜轴测图空间位置如图 3-37 所示。

② 作图方法。

作图方法如图 3-38 所示。

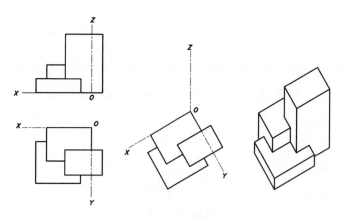

图 3-38　水平斜轴测图画法

三、透视图与轴测图之间的关系 THREE

　　透视图和轴测图都是单面投影,都是在二维平面上反映形体的三维形象,都具有直观立体感,能帮助识读正投影图。

　　两者之间的区别在于:轴测图是用平行投影法画出的图形,透视图是用中心投影法画出的图形,因此透视图符合人眼的视觉习惯,比轴测图更逼真。但透视图绘制方法繁复,透视构图难度大;而轴测图在绘制时有沿坐标轴直接度量的便利性。

　　因此,可以利用轴测图的便利性,画出轴测图后,再在轴测图基础上进行透视图修正,通过这两种图形转换的经常练习,可以更好更快地找到绘制透视图的感觉,从而准确迅速地绘制透视图。

　　一点透视与正面斜轴测图比较如图 3-39 所示。

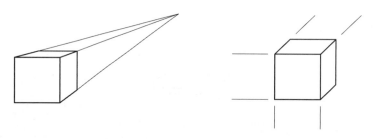

图 3-39　一点透视与正面斜轴测图比较

两点透视与正等轴测图比较如图 3-40 所示。

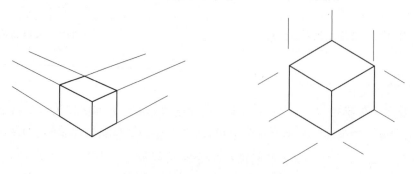

图 3-40　两点透视与正等轴测图比较

第三篇
方法篇

HUANJING YISHU
SHEJI SHITU
YU ZHITU

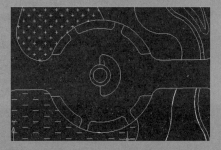

第四章

制图基本知识 ◀◀◀

第一节　制图规范与工具

一、制图规范　　　　　　　　　　　　　　　　　　　　　　　　　　　　　　ONE

对于空间设计专业所涉及的设计门类，如园林景观、室内设计等，要得到设计创意结果，最终都要用工程图样来表达。工程图样是指导生产、进行技术交流的工程语言。为使工程图样统一，国家先后制定颁布了一系列制图国家标准。标准规定了有关图样的表达方法、尺寸标注、图例符号等的基本要求。

（1）图纸与图幅如图 4-1 所示。

尺寸	幅 面 代 号				
	A0	A1	A2	A3	A4
$b \times l$	841 mm×1 189 mm	594 mm×841 mm	420 mm×594 mm	297 mm×420 mm	210 mm×297 mm
c	10 mm			5 mm	
a	25 mm				

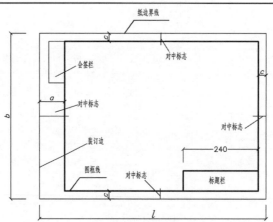

图 4-1　图纸与图幅

（2）标题栏与会签栏如图 4-2 所示。

（3）比例与比例标注如图 4-3 所示。

工程标题栏

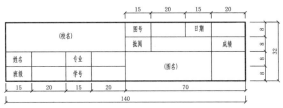

学生作业标题栏

会签栏

图 4-2　标题栏与会签栏（单位：mm）

常用比例	1：1、1：2、1：5、1：10、1：20、1：50、1：100、1：150、1：200、1：500、1：1 000、1：2 000
可用比例	1：3、1：4、1：6、1：15、1：25、1：30、1：40、1：60、1：80、1：250、1：300、1：400、1：600、1：5 000、1：10 000、1：20 000、1：100 000、1：200 000

图 4-3　比例与比例标注

（4）字体如图 4-4 所示。

字高/mm	20	14	10	7	5	3.5
字宽/mm	14	10	7	5	3.5	2.5

字体高宽关系

工业民用建筑厂房屋平立剖面详图
结构施说明比例尺寸平宽高厚砖图

长仿宋体汉字

字母与数字

图 4-4　字体

（5）图线如图 4-5 所示。

名 称		线 型	线宽	一般用途
实线	粗		b	主要可见轮廓线
	中粗		0.7b	可见轮廓线
	中		0.5b	可见轮廓线、尺寸线、变更云线
	细		0.25b	图例填充线、家具线
虚线	粗		b	见各有关专业制图标准
	中粗		0.7b	不可见轮廓线
	中		0.5b	不可见轮廓线、图例线
	细		0.25b	图例填充线、家具线
单点长画线	粗		b	见各有关专业制图标准
	中		0.5b	见各有关专业制图标准
	细		0.25b	中心线、对称线、轴线等
双点长画线	粗		b	见各有关专业制图标准
	中		0.5b	见各有关专业制图标准
	细		0.25b	假想轮廓线、成型前原始轮廓线
折断线	细		0.25b	断开界线
波浪线	细		0.25b	断开界线

图 4-5　图线

（6）尺寸及角度标注如图 4-6 所示。

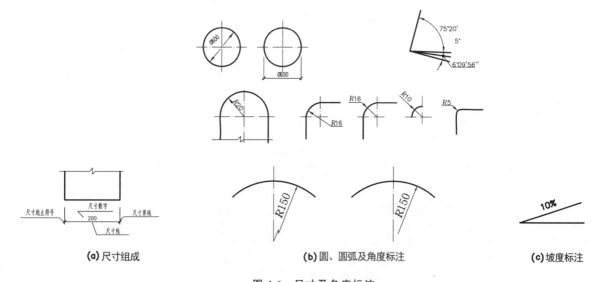

(a) 尺寸组成　　　　　(b) 圆、圆弧及角度标注　　　　　(c) 坡度标注

图 4-6　尺寸及角度标注

二、工具与设备　　　　　　　　　　　　　　　　　　　　TWO

　　熟悉绘图工具,熟练掌握绘图工具与设备的使用方法,是保证绘图正确、速度快的基本条件。

　　绘图工具有如下几类。

　　（1）图板、丁字尺、三角板。

（2）圆规与分规。

（3）比例尺。

（4）铅笔、橡皮、小刀、砂纸、胶带纸、曲线板、模板。

（5）计算机。

第二节　徒手作图

在设计师构思创作阶段及工程技术人员相互交流记录时，常常不用仪器设备绘图，而是徒手绘制草图。设计技术人员必须熟练掌握徒手作图的技巧。

画草图常用铅笔进行，且用较软的笔芯，如 HB 或 2B 型。笔芯不要过尖，应留长一点。画图时，持笔位置应高一些。初学画草图时，画直线可先标两端点再连线，先轻后重，逐步加深。

画草图要手眼并用，特别是等分线段、圆弧等，都应用眼睛估计确定。

绘制平面草图时要先总体后局部，先粗后细，注意比例。有条件的话，应先在方格纸上绘制，逐步熟练以后可在一般白纸上绘画。

绘制立体草图时，要根据形体的复杂程度和构成特点，按照一定的方法绘制，即先定形体的三维尺度范围和基本方向，按轴测图的画法绘制，然后再按透视要求修改。

第三节　尺规作图

尺规作图是借助传统绘图工具和仪器，如图板、丁字尺、三角板、圆规、分规、模板、曲线板、铅笔、直线笔等进行图纸绘制的方法。目前，随着计算机辅助设计和绘图的普及，在实际工程中已经很少应用尺规作图。但对制图学习而言，尺规作图仍是必不可少的一个学习阶段与环节。通过尺规作图，学生可以熟悉制图规范及其应用，可以学会制图总体布局和计算，特别是可以培养学生细致、认真、严谨的习惯。

在尺规作图时首先要准备好有关工具仪器，并检查固定好绘图板，然后布置绘图纸并固定。固定时可用胶带或专用压纸条。丁字尺、三角板使用时一定要按规定的方法单独或配合使用，不得磕碰丁字尺和三角板，以免角度、刻度损坏影响绘图质量与速度。要根据图幅大小和绘图纸的内容关系来选择确定相应图形的位置和比例。绘图时一般从左向右、从上到下逐步完成。在作图时尽可能将等长、等宽图线一次定位画出，以增加相互关联度和提升绘图速度。绘图时一般先用 HB 或 2H 铅笔作图打底，检查无误后擦去多余图线，再用 HB 或 2B 铅笔加深，亦可用直线笔加深。加深时要先加深圆、圆弧等曲线，后加深直线，最后标注尺寸并按规定完成标题栏和其他有关图例符号。

第四节　计算机作图

计算机在图形方面真正意义上的运用，应从 20 世纪 80 年代中后期算起，其发展迅猛，目前用手工进行设计绘图的单位已经很少了。计算机作图，也就是用电脑进行工程设计和绘图，绘图板变为电脑显示屏，尺子、铅笔、圆规被鼠标、键盘和绘图设计软件代替。常用的软件有用于平面图形设计绘制的 AutoCAD、用于表现透视效果图的 3ds Max 及对设计进行后期处理的 Photoshop 等。需要指出的是，在工程实践中应用最广的是 AutoCAD 软件。学习并掌握这些软件的操作可以大大缩短设计绘图时间，降低成本，并能更好地表现设计效果。

计算机绘图即是运用软件的操作方式，绘制出一份电子图纸，最后将电子稿输出到打印设备打印成图。

第五章

图纸的识读与绘制 ≪≪≪

第一节　建筑设计图的识读与绘制

房屋设计工作一般分为两个阶段：一是初步设计，二是施工图设计。初步设计的目的是提出方案，详细说明该建筑的平面布置、立面处理、结构造型等内容。施工图设计则对初步设计进行完善和细化，以便设计能够满足施工的需求。一般意义上的图纸识读，即是指对施工图进行识读。施工图一般分为总图和建筑施工图、结构施工图、设备施工图、装饰施工图等。

一、施工图中常见的符号　　　　　　　　　　　　　　　　　　　ONE

建筑工程图的绘制要遵守国家制图标准。下面介绍国标中规定的符号表达方法。

1）定位轴线

在施工图中要将房屋的基础、墙、柱、梁和屋架等承重构件的轴线画出，并进行编号，以便于施工时定位放线和查阅图纸。这些轴线称为定位轴线。对于非承重的墙体、次要构件等，其位置可用附加定位轴线（分轴线）来确定，也可用注明其与附近定位轴线的有关尺寸的方法来确定。根据国标规定，定位轴线画法如下。

（1）定位轴线采用细点画线表示。

（2）轴线编号的圆圈用细实线，圆圈直径一般为 8 mm，详图上为 10 mm。

（3）平面图上定位轴线的编号，在水平方向采用阿拉伯数字，从左向右依次编号；垂直方向用大写拉丁字母自下而上顺次编号。拉丁字母中的 I、O 及 Z 三个字母不得作轴线编号，以免与数字 1、0 及 2 混淆。定位轴线编号示例如图 5-1 所示。

（4）对于详图上的轴线编号，若该详图适用于几根轴，则应同时标注有关轴线的编号。通用详图的定位轴线，一般只画圆，不注写轴线编号。（见图 5-2）

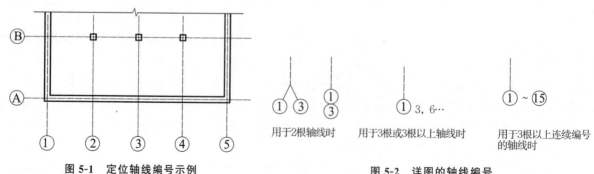

图 5-1　定位轴线编号示例　　　　　　　　　　图 5-2　详图的轴线编号

2）索引符号、详图符号及引出线

施工图中的部分图形或某一构件,由于比例较小或细部构造较复杂而无法表示清楚,通常要将这些图形和构件用较大的比例放大画出,这种放大后的图样称为详图。

（1）索引符号。用一引出线指示要画详图的地方,在线的另一端画一细实线圆,其直径为 10 mm。引出线应对准圆心。圆内过圆心画一水平线,上半圆中用阿拉伯数字标明该详图的编号,下半圆中用阿拉伯数字标明该详图所在图纸的编号。如果用标准图,应在索引符号水平直径的延长线上加注该标准图册的编号。（见图 5-3）

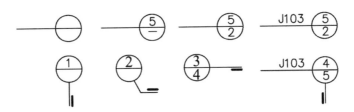

图 5-3　索引符号

（2）详图符号。详图的位置和编号用详图符号表示。详图符号的圆应以直径为 14 mm 的粗实线绘制。详图与被索引的图样同在一张图纸内时,应在详图符号内用阿拉伯数字标明详图的编号。详图与被索引图样不在同一张图纸内时,应用细实线在详图符号内画水平直径线,在上半圆中注明详图编号,在下半圆中注明被索引的图纸的编号。（见图 5-4）

图 5-4　详图符号

（3）引出线。引出线用于对图样上某些部位引出文字说明、符号编号和尺寸标注。引出线应以细实线绘制。引出线宜采用水平方向的直线,或与水平方向成 30°、45°、60°、90°的直线,或经上述角度再折为水平线。文字说明可以注写在引出线上方,也可以写在引出线的端部。索引详图的引出线应与水平直线相连接。（见图 5-5）

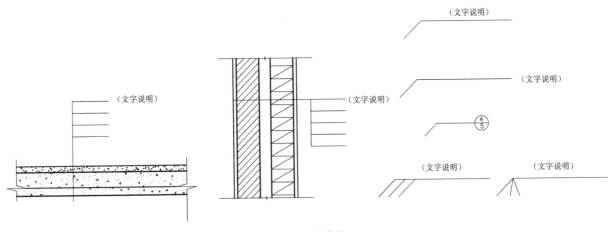

图 5-5　引出线

几个相同部分的引出线,宜互相平行,也可以画成集中于一点的放射线。

多层构造共用引出线,应通过被引出的各层。文字说明宜注写在水平线的上方,或者注写在水平线的端部。说明的顺序应由上至下,并应与被说明的层次相互一致;如层次为横向排列,则由左至右的层次应相互一致。

3) 标高符号

在总平面图、平面图、立面图和剖面图上,经常用标高符号表示某一部位的高度。标高符号应以细实线绘制,以直角等腰三角形表示,如图5-6所示。

零点标高应注写±0.000,正数标高不注"+",负数标高应注"−"。

4) 对称符号

当建筑物或构配件的图形对称时,可只画对称图形的一半,然后在图形的对称中心处画上对称符号,另一半图形可省略不画。对称符号由对称线和两端的两对平行线组成。对称线用细单点长画线绘制;平行线用实线绘制,其长度宜为 6～10 mm,每对间距为 2～3 mm。(见图5-7)

5) 连接符号

连接符号用来表示构件图形的一部分与另一部分的相接关系,以折断线表示需连接的部位。两部位相距过远时,折断线两端靠图样一侧应标注大写拉丁字母表示连接编号,如图5-8所示。

6) 指北针

指北针用来指明建筑物朝向,用细实线绘制,圆的直径宜为 24 mm,指针尖为北向,指针尾部宽度宜为 3 mm。(见图5-9)

约3 mm
±0.000
45°

(a) 标高符号常见画法

(b) 总平面图上的室外标高符号

(c) 平面图上的楼地面标高符号

(d) 立面图、剖面图各部位的标高符号

(9.600)
(6.400)
3.200

(e) 多层标注

图5-6 标高

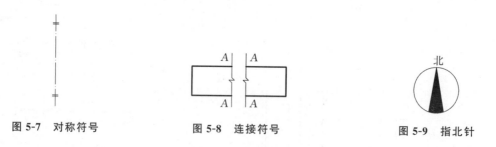

图5-7 对称符号　　　　图5-8 连接符号　　　　图5-9 指北针

二、总图　　　　　　　　　　　　　　　　　　　　　　　　　TWO

在画有等高线或加上坐标网的地形图上,全部原有和新建的房屋的外轮廓的水平投影图,即为总平面图(总图)。它反映这些建筑的平面形状、位置、朝向,以及地形、地物的相互关系。

1. 图纸阅读要点

（1）掌握作投影图的原理和建筑形体的各种表示方法。

（2）熟识施工图中常用的图例、符号、线型、尺寸和比例的含义。

（3）由于施工图中涉及一些专业上的问题，故应了解房屋的组成和构造上的一些基本情况。

（4）根据图纸目录，检查和了解图纸的类别、每类有几张等，按目录顺序（一般是按"建筑"、"结施"、"设施"的顺序排列）通读一遍，对工程对象的建设地点、周围环境、建筑物的大小及形状、结构形式和建筑关键部位等情况有一个了解。阅读时，应按"先整体后局部，先文字说明后图样，先图形后尺寸等"的顺序依次仔细阅读。

2. 总图中常见的符号

总平面图图例如表 5-1 所示。

表 5-1　总平面图图例

序号	名　称	图　例	说　明	序号	名　称	图　例	说　明
1	新建建筑物		1.需要时,可用▲表示出入口,可在图形内右上角用点数或数字表示层数。2.建筑物外形(一般以±0.00高度的外墙定位轴线或外墙面线为准)用粗实线表示。需要时,地面以上建筑用中粗实线表示,地面以下建筑用细虚线表示	9	原有道路		
				10	计划扩建的道路		
				11	拆除的道路		
				12	人行道		
2	原有建筑物		用细实线表示	13	坐标	X151.00 Y425.00 / A151.00 B425.00	上图表示测量坐标 下图表示建筑坐标
3	计划扩建的预留地或建筑物		用中粗虚线表示				
4	拆除的建筑物		用细实线表示	14	常绿针叶树		
5	围墙及大门		上图为实体性质的围墙,下图为通透性质的围墙。若仅表示围墙不画大门	15	落叶针叶树		
				16	常绿阔叶乔木		
6	室内标高	151.00		17	花卉		
7	室外标高	▼143.00	室外标高也可采用等高线表示	18	草坪		
8	新建的道路		"R9"表示道路转弯半径为 9 m,"150.00"为路面中心控制点标高,"0.6"表示 0.6%的纵向坡度,"101.00"表示变坡点间距离	19	花坛		
				20	绿篱		
				21	植草砖铺地		

3. 总图的阅读

(1)看图纸的图例、比例及文字说明。总平面图因图幅面积比实际工程面积小很多,常用比例为 1:500、1:1 000。总平面图尺寸一律以 m 为单位。

(2)了解工程性质、用地范围、地形地貌等。

(3)了解室内及室外的标高。总平面图标高数值以 m 为单位,常注小数点后两位。要分清楚绝对标高与相对标高。

(4)明确房屋方位,借助指北针和风向频率玫瑰图来识读。

(5)了解道路系统和绿化情况。

(6)了解供排水、采暖、电气的平面位置、走向及与建筑的关系。

三、建筑施工图 THREE

---

1. 建筑施工图内容

建筑施工图简称建施,主要包括目录(见图 5-10)、首页图(设计说明、门窗表)、平面图、立面图、剖面图和详图等。

2. 首页图

建筑施工图的首页图如图 5-11 所示。首页图内容包括设计说明、门窗表等。

(1)设计说明。设计说明是将工程概况和总体的设计要求,用文字或表格的形式详细地表达出来的文件,说明本工程的设计依据、工程概况,如建设地点、建筑面积、平面形式、建筑层数、抗震强度、主要结构类型及相对标高与总图绝对标高的关系等。设计说明如附图 1 所示。

(2)门窗表。一般采用表格形式说明门窗开启方式、尺寸、材料、数量等。门窗表如附图 2 所示。

3. 建筑平面图

(1)建筑平面图是假想将房屋各层沿高于窗台的部位进行剖切得到的水平剖面图。房屋有几层,一般就应画几个平面图,并在图形的下方注出相应的图名、比例等。

建筑平面图主要反映房屋的平面形状、大小和房间的相互关系、内部布置、墙的位置、厚度和材料、门窗的位置及其他建筑构配件的位置和大小等。室内装修项目的建筑平面图中常包括原始结构图,如图 5-12 所示。

(2)建筑平面图可分为四类。

① 地下室平面图,表示房屋建筑地下室的平面形状。

② 首层平面图,表示建筑首层的平面布置,包括室内房间平面及楼梯布置,以及室外可见的台阶、散水、花台、花池等,还应标注剖切符号及指北针。

③ 楼层平面图,表示房屋建筑中间各层及楼上一层的布置情况,还要画出本层的室外阳台和下一层的雨篷、遮阳板等。

④ 屋顶平面图,表示屋顶情况,如屋面排水的方向、坡度、雨水管的位置,上人孔及其他建筑配件位置等。

(3)建筑平面图的图例及规定画法。

建筑平面图图例如表 5-2 所示。

目　录

图号	图纸内容	图号	图纸内容	图号	图纸内容
P-01	原始结构图	E-01	客厅A立面图	E-11	主卫A/B立面图
P-02	平面布置图	E-02	客厅B/C立面图	E-12	主卫C/D立面图
P-03	地面布置图	E-03	客厅D立面图	E-13	公卫A/B立面图
P-04	拆墙图	E-04	餐厅B/C立面图	E-14	公卫C/D立面图
P-05	建墙图	E-05	主人房过道、主人房A立面图	E-15	厨房B/C立面图
P-06	天花布置图	E-06	主人房过道、主人房B立面图	E-16	厨房D立面图
P-07	开关布置图	E-07	主人房C立面图	DE-01	客厅、餐厅、主卧天花剖面图
P-08	插座布置图	E-08	主人房D立面图	DE-02	客厅电视背景剖面图
P-09	水路布置图	E-09	次卧A/B立面图	DE-03	餐厅酒柜剖面图
P-10	索引图	E-10	次卧C/D立面图	DE-04	主人房过道洗手台、主人房A立面剖面图
				DE-05	主人房过道、主人房C立面剖面图

标题栏（图签）：

工程名称 ENGINEERING TITLE
建设单位 BUILDING ENTERPRISE
图纸名称 DRAWING TITLE　目　录
设计 DESIGN
绘图 DRAW
校对 VERIFY
设计负责 DESIGN
工程负责 ENGINEERING
审批 APPROVE
比例 SCALE
备注：
甲方签字
签字日期 DATE
图号 DWG NO
日期 DATE　2010.2
业务号 JOB NO　*****
电话 TELEPHONE
年　月　日

图 5-10　图纸目录

单体设计说明

一、本工程概况

1. 项目名称:武汉某小区三期5#楼
2. 主要功能:高层住宅
3. 项目规模:建筑面积13 828 ㎡(不含架空层);住宅面积24 334 ㎡;

   另:架空层面积535 ㎡,地面33层;

   建筑高度98.250m,共256户;

4. 本工程结构形式为剪力墙结构
5. 本工程室内外高差0.450 m,标高±0.00,相当于黄海高程、洋光本地块总平面定位图
6. 本工程为一类防火建筑,耐火等级一级

二、节能设计主要指标

(一)住宅部分节能设计主要指标

1. 体形系数:0.33
2. 窗墙比

朝向	东向	南向	西向	北向
	0.02	0.34	0.02	0.25

玻璃可见光透射比:0.58

根据窗墙比值,外门窗制作应保证采用6+12A+6低辐射镀膜中空玻璃门窗,其传热系数不大于
2.5 W/(㎡·K)。外门窗窗墙比不应大于:南向0.35、北向0.30、东西向0.30。同时,玻璃可见光透射
不低于上述要求

3. 围护结构传热系数和热工性住要求:

屋顶K=0.39 W/(㎡·K),D=3.49;

外墙K_m(东向)=0.79 W/(㎡·K),K_m(南向)=0.89 W/(㎡·K),K_m(西向)=0.79 W/(㎡·K),

K_m(北向)=0.86 W/(㎡·K),外墙D_m=4.52;

分户墙K=0.89 W/(㎡·K);

楼板K=1.69 W/(㎡·K)(含装修面层);架空楼板K=0.93 W/(㎡·K)(含装修面层);

和商铺等公共部分直接接触的板K=0.93 W/(㎡·K)(含装修面层)。阳台门下部选用K值小于2.0 W/(㎡·K)的门芯板

入户门选用K值小于2.47 W/(㎡·K)的防盗保温门。

4. 住宅部分采用外墙内保温,5#楼住宅塔楼部分采用40 mm厚无机保温砂浆,详细做法详见建筑施工统一图首部分01、02、03;

住宅部分屋面采用挤塑聚苯乙烯泡沫塑料板,厚度80 mm,详细做法详见建筑施工统一图首部分01、02、03

结论:该建筑设计满足《武汉城市圈低能耗居住建筑设计标准》(DB42/T 559—2009)的有关温制性规定的要求

(二)电梯

名称	电梯型号	额定载重量	额定速度	停站数	提升高度	备注
1号电梯	三菱LEHY-1T	1 050 kg	2.5 m/s	33	103.40 m	无障碍时载客电梯,消防电梯
2号电梯	三菱LEHY-1T	1 050 kg	2.5 m/s	33	103.40 m	无障碍时载客电梯

注:本工程电梯参照三菱NPX-800-C120CO参数设计。电梯井道尺寸。门厅及机房留足。井道及机房埋件以甲件以甲方方订货
样本为准。并配合土建一井施工。本工程所用无障碍时载客电梯,相关设施应按无障碍时电梯楼要求配置

5#楼单体说明

图5-11 建筑施工图的首页图

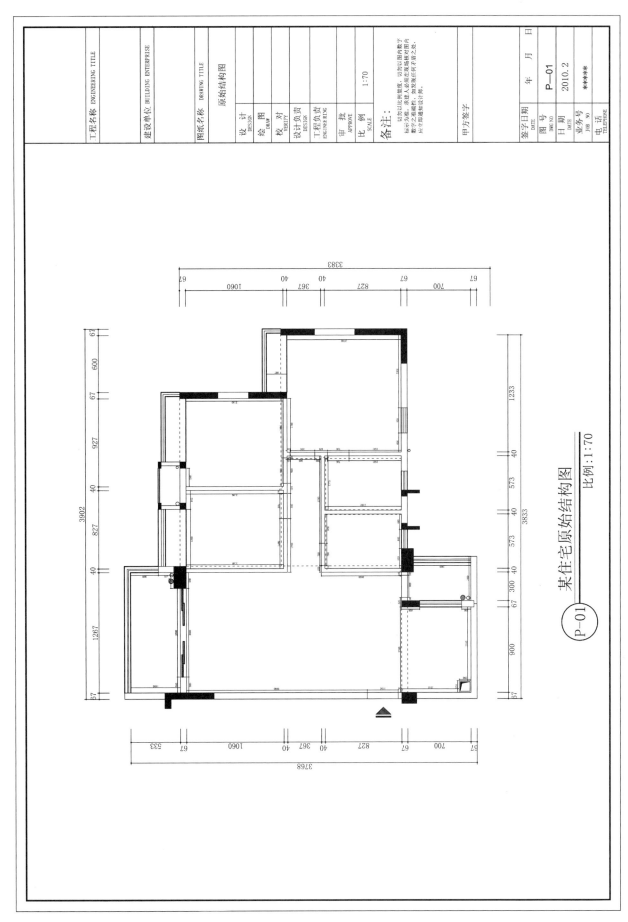

图 5-12 原始结构图

表 5-2   建筑平面图图例

序号	名称	图 例	说 明	序号	名称	图 例	说 明
1	墙体	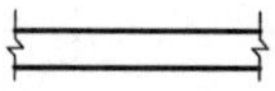	应加注文字或填充图案表示轻体材料,在项目设计图样说明中列材料图例表给予说明	6	烟道	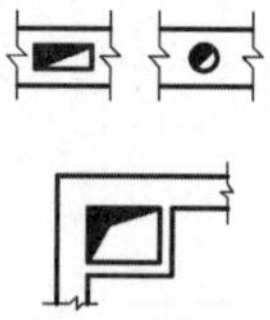	1.阴影部分可以涂色代替 2.烟道与墙体为同一材料时,其相接处墙身线应断开
2	隔断		1.包括板条抹灰、木质石膏板、金属材料等隔断 2.适用于到顶与不到顶隔断	7	通风道	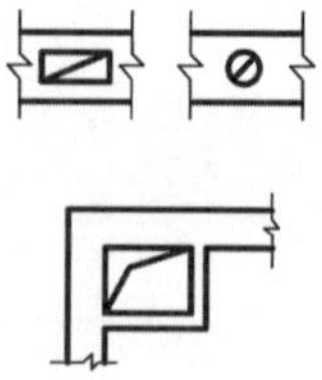	
3	栏杆						
4	楼梯	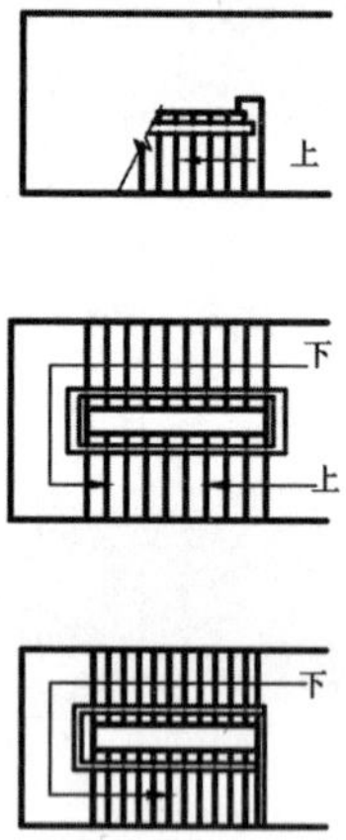	1.上图为底层楼梯平面图,中图为中间层楼梯平面图,下图为顶层楼梯平面图 2.楼梯及栏杆扶手的形式和楼梯踏步数应按实际情况绘制	8	孔洞		阴影部分可以涂色代替
				9	单扇双面弹簧门	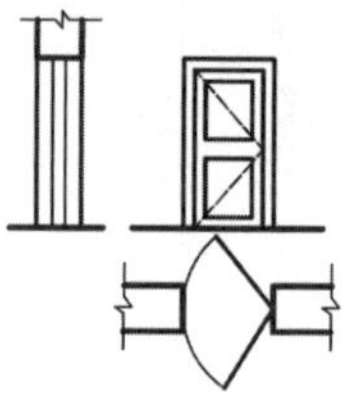	1.门的名称代号为 M 2.图例中剖面图左为外、右为内,平面图下为外、上为内 3.立面上开启方向线交角的一侧为安装合页的一侧,实线为外开,虚线为内开 4.平面图上门线应90°或45°开启,开启弧线宜绘出 5.立面图上的开启线在一般设计图中可不表现,在详图及室内设计图上应表示 6.立面形式应按实际情况绘制
5	坡道	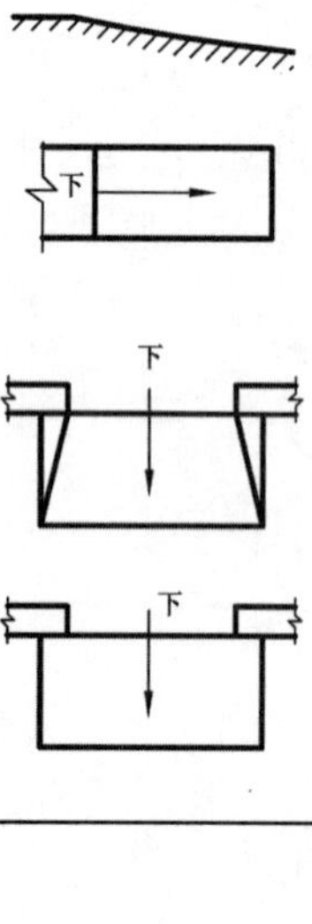	上二图为长坡道,下二图为门口坡道	10	双扇双面弹簧门	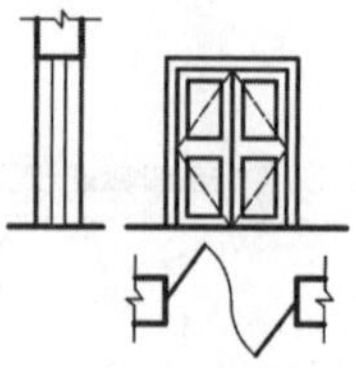	

续表

序号	名称	图 例	说 明	序号	名称	图 例	说 明
11	单扇内外开双层门(包括平开或单面弹簧)		1.门的名称代号为 M 2.图例中剖面图左为外、右为内,平面图下为外、上为内 3.立面上开启方向线交角的一侧为安装合页的一侧,实线为外开,虚线为内开 4.平面图上门线应 90°或 45°开启,开启弧线宜绘出 5.立面图上的开启线在一般设计图中可不表现,在详图及室内设计图上应表示 6.立面形式应按实际情况绘制	17	自动门		1.门的名称代号为 M 2.图例中剖面图左为外、右为内,平面图下为外、上为内 3.立面形式应按实际情况绘制
12	单扇门(包括平开门或单面弹簧门)			18	竖向卷帘门		1.门的名称代号为 M 2.图例中剖面图左为外、右为内,平面图下为外、上为内 3.立面形式应按实际情况绘制
13	双扇门(包括平开门或单面弹簧门)			19	提升门		
14	墙外双扇推拉门		1.门的名称代号为 M 2.图例中剖面图左为外、右为内,平面图下为外、上为内 3.立面形式应按实际情况绘制	20	单层固定窗		1.窗的名称代号为 C 2.立面图中的斜线表示窗的开启方向,实线为外开,虚线为内开;开启方向线交角的一侧为安装合页的一侧,一般设计图中不表示 3.图例中,剖面图所示左为外、右为内,平面图所示下为外、上为内 4.平面图和剖面图上的虚线仅说明开关方式,在设计图中不需要表示
15	墙中单扇推拉门			21	单层外开上悬窗		
16	转门		1.门的名称代号为 M 2.图例中剖面图左为外、右为内,平面图下为外、上为内 3.平面图上门线应 90°或 45°开启,开启弧线宜绘出 4.立面图上的开启线在一般设计图中可不表现,在详图及室内设计上应表示 5.立面形式应按实际情况绘制	22	单层中悬窗		

(4)建筑平面图的识读。

读图内容和识读步骤如下。

① 了解图名、比例及文字说明。

② 了解平面图总长、总宽等尺寸。

③ 了解纵横定位轴线及其编号,主要房间的开间(横向称为开间)、进深(纵向称为进深)尺寸,墙(或柱)的平面布置,以及相邻定位轴线之间的距离。

④ 了解平面各部分的尺寸。除标高以 m 为单位外,其他平面尺寸均以 mm 为单位。尺寸有外部尺寸和内部尺寸之分。

a. 外部尺寸。

建筑平面图的下方及两侧一般标注三道尺寸。最外一道是外包尺寸,表示房屋外轮廓的总尺寸;中间一道是轴线间的尺寸,表示房间的开间和进深的大小;最里面的一道是细部尺寸,表示门窗洞口和窗间墙等水平方向的定形和定位尺寸。

b. 内部尺寸。

内部尺寸用于标明内墙门窗洞的位置及洞口的宽度、墙体厚度、设备大小等,应就近标注。

此外,建筑平面图的标高通常采用相对标高,并将首层室内地面标高确定为±0.000。

⑤ 了解门窗的布置、数量及型号。

为了便于识读,平面图采用专门的代号标注门窗,其中门的代号为 M,窗的代号为 C。代号后面用数字表示它们的编号,如 M-1,M-2,C-1,C-2 等。一般每个工程的门窗规格、型号、数量都由门窗表说明。

⑥ 了解房屋的朝向、剖面图的剖切位置、索引符号等。

剖切符号通常画在有楼梯间的位置,并剖切到梯段、楼地面、墙身等结构。

建筑平面图如附图 3 和附图 4 所示。

4. 建筑立面图

(1) 建筑立面图的命名和规定画法。

① 按房屋的朝向命名,例如,命名为南立面图、北立面图、东立面图、西立面图等。

② 按立面图首尾轴线编号命名,例如,命名为 1~5 立面图、5~1 立面图、A~G 立面图、G~A 立面图。

③ 按房屋立面的方位命名,例如,命名为正立面图、背立面图、侧立面图。

其中,以轴线编号命名的方式最为常用。

立面图一般应按投影关系画在平面图上方,与平面图轴线对齐,以便识读。

立面图所采用的比例一般和平面图的相同。

(2) 建筑立面图的识读。

建筑立面图如附图 5 所示。

图示内容和识读步骤如下。

① 了解图名及比例。

② 了解房屋的体形和外貌特征。

③ 了解房屋各部分的高度尺寸及标高数值。

④ 了解门窗的形式、位置及数量。

⑤ 了解房屋墙面的装修做法。

5. 建筑剖面图

(1) 图示方法及作用。

用一个或多个垂直于外墙轴线的铅垂剖切面,将房屋剖开,所得的投影图称为建筑剖面图,简称剖面图。剖面图用于表示房屋内部的结构或构造形式、分层情况和各部位的联系、材料及其高度等,是与平、立面图相互配合,完整表达建筑物内部状态的不可缺少的主要图样之一。

(2) 图示特点。

建筑剖面图如附图 6 所示。

剖面图所采用的比例与平面图、立面图相同。根据不同的绘制比例,被剖切到的构配件断面图例可采用不同的表示方法。图形比例大于 1:50 时,应画出材料图例;比例为 1:100~1:200 时,材料图例可以采用简化画法。按习惯画法,除有地下室外,一般不画出基础部分。

剖面图的数量是根据房屋的具体情况和施工实际需要决定的。

剖切面一般为横向,即平行于侧面,其位置应选择在能反映房屋内部构造比较复杂与典型的部位,并通过门窗洞的位置。若为多层房屋,则应选择在楼梯间或层高不同的部位。

剖面图的图名应与平面图所标注的剖切符号的编号一致。

（3）图示内容。

图示内容有墙、柱及其定位轴线,室内底层地面、地坑、地沟、各层楼面、顶棚、屋顶（包括檐口、女儿墙、隔热层或保温层、天窗等）、门、窗、楼梯、阳台、雨篷、孔洞、墙裙、踢脚板、防潮层、室内地面、散水、排水沟及其他装修等剖切到或能见到的内容,以及各部位完成面的标高和高度方向尺寸。

（4）标高内容。

应标注标高的有室内外地面,各层楼面与楼梯平台,檐口或女儿墙顶面,高出屋面的水池顶面、楼梯间顶面,电梯间顶面等处。

（5）高度尺寸内容。

外部尺寸:门、窗洞口高度、层间高度及总高度。

内部尺寸:地坑深度和隔断、搁板、平台、墙裙及室内门、窗的高度。

（6）文字说明。

楼、地面各层构造一般可用引出线说明,引出线指向所说明的部位,并按其构造的层次顺序,逐次加以文字说明。

6. 建筑详图

对房屋的细部或构配件用较大的比例（1:20、1:10、1:5、1:2、1:1等）将其形状、大小、材料和做法,按正投影图的画法,详细表示出来的图样,称为建筑详图,简称详图。图示方法:视细部的构造复杂程度而定。有时只需一个剖面详图就能表达清楚,有时还需另加平面详图或立面详图等一起来表现建筑构造。

一般房屋的详图有墙身节点详图、楼梯详图及室内外配件的详图。

图示要求:详图的内容详尽清楚,尺寸标注齐全,文字说明详尽。同时,建筑详图必须加注图名（或详图符号）,详图符号与被索引的图样上的索引符号相对应。在详图符号的右下侧注写比例。

下面介绍墙身详图、楼梯详图及其表达方法。

1）墙身详图

墙身详图实际上是建筑剖面图的局部放大图,它表达房屋的屋面、楼层、地面和檐口构造,楼板与墙的连接,门窗顶,窗口和勒脚,散水等处构造的情况,是施工的重要依据。

墙身详图一般采用1:20的比例绘制。如果多层房屋中楼层各节点相同,可只画底层、中间层及顶层来表示。为节省图幅,画详图可从门窗中间折断,化为几个节点详图的组合。

墙身详图的线型与剖面图的一样,所标注的尺寸和标高与建筑剖面图中的相同。

墙身详图的识读步骤如下。

① 了解图的比例。

② 了解墙体的厚度及定位轴线。

③ 了解屋面、楼面、地面的构造层次和做法。

④ 了解各部位的标高、高度方向的尺寸和墙身细部尺寸。

⑤ 了解各层梁（过梁或圈梁）、板、窗台的位置及其与墙身的关系。

⑥ 了解檐口的构造做法。

2）楼梯详图

楼梯详图就是楼梯平面图及剖面图的放大图。它主要反映楼梯类型、结构形式、各部位的尺寸及踏步、栏板等装饰做法,它是楼梯施工、放样的主要依据。楼梯详图一般包括平面图、剖面图及踏步、栏板详图等,并尽可能画在同一张图纸内,平、剖面图比例要一致,以便对照阅读。踏步、栏板详图比例要大些。

下面介绍楼梯平面图的内容及图示方法。

(1)楼梯平面图。一般每一层楼都要画一张楼梯平面图。三层以上的房屋,若中间各层的楼梯位置及其梯段数、踏步数和大小都相同,则只画出底层、中间层和顶层三张平面图就可以了。

楼梯平面图的剖切位置在该层往上走的第一梯段(休息平台下)的任一位置处。对各层被剖切到的梯段,均在平面图中以一根45°折断线表示其断开的位置。在每一梯段处画有一个长箭头,并注写"上"或"下"字和踏步级数。通常,楼梯平面图画在同一张图纸内,并互相对齐,这样既便于识读又可省略一些重复尺寸标注。

楼梯平面图的识读步骤如下。

① 了解楼梯在建筑平面图中的位置及有关轴线的布置。

② 了解楼梯间、梯段、梯井、休息平台等处的平面形式和尺寸及踏步的宽度和踏步数。

③ 了解楼梯的走向及上下起步的位置。

④ 了解楼梯间各楼层平面、休息平台面的标高。

⑤ 了解中间层平面图中不同楼梯的投影形状。中间层平面图既要画出剖切后往上走的上行梯段(对应"上"字),又要画出该层往下走的下行的完整梯段(对应"下"字);继续往下的另一个梯段有一部分投影可见,用45°折断线作为分界,与上行梯段组合成一个完整的梯段。各层平面图上所画的每一分格,表示一级踏步踏面。

⑥ 了解楼梯间的墙、门、窗的平面位置、编号和尺寸。

⑦ 了解楼梯剖面图在楼梯底层平面图中的剖切位置及投影方向。

(2)楼梯剖面图。假想用一铅垂面,通过各层的一个楼段和门窗洞,将楼梯剖开后向另一未剖到的梯段方向作正投影,所得图形即为楼梯剖面图。通常采用1:50的比例绘制。

在多层房屋中,若中间各层的楼梯构造相同,则剖面图可只画出底层、中间层和顶层,用折断线分开。

楼梯剖面图能表达出房屋的层数、楼梯梯段数、踏步级数及楼梯的类型与结构形式。

剖面图中应注明地面、平台面、楼面等的标高和梯段,以及栏板的高度尺寸。梯段高度尺寸注法与楼梯平面图梯段长度注法相同,在高度尺寸中注的是踏步级数,而不是踏步数(两者相差为1)。

楼梯剖面图的识读步骤如下。

① 了解图名、比例。

② 了解轴线编号和轴线尺寸。

③ 了解房屋的层数、楼梯梯段数、踏步数。

④ 了解楼梯的竖向尺寸和各处标高。

⑤ 了解踏步、扶手、栏板的详图索引符号。

(3)楼梯节点详图。楼梯平、剖面图只表达了楼梯的基本形状和主要尺寸,需要用详图表达各节点的构造和细部尺寸。

楼梯节点详图主要包括楼梯踏步、扶手、栏杆(或栏板)等详图。

若采用建筑构造通用图集中的节点做法,与详图索引符号对照可查阅有关标准图集,得到它们的断面形式、细部尺寸、用料、构造连接及面层装修做法等。

详图图例如附图7和附图8所示。

第二节　装饰设计施工图的识读与绘制

一、装饰设计施工图的概念、组成特点及有关规定　　ONE

1. 装饰设计施工图的概念和组成特点

装饰设计需经方案设计和绘制施工图两个阶段。方案设计阶段是根据使用者要求、现场情况，以及有关规范、设计原则等，以平面布置图、立面布置图、透视图、尺寸、文字说明等形式，把设计意图表达出来。施工图一般包括图纸目录、装饰施工工艺说明、平面布置图、地面平面布置图、顶棚（天花）布置图、墙面及柱面装饰立面图，以及装饰细部结构的节点详图等内容。

装饰设计施工图是按照建筑装饰设计方案，确定有关的空间尺度、构造做法、材料选用、施工工艺等，并遵照建筑及装饰设计规范所规定的要求编制的用于指导装饰施工生产的技术文件，也是进行造价管理、工程监理等工作的主要技术文件。装饰设计施工图按施工范围分室内、室外两种。

装饰设计施工图是用正投影方法绘制的用于指导施工的图样，选用一定的比例、采用相应的图例符号和标注尺寸、标高等加以表达，必要时可采用绘制透视图、轴测图等辅助表达手法。

2. 装饰设计施工图的有关规定

1）图样的比例

装饰设计施工图的常用比例是 1:50、1:100、1:150，装饰详图常用比例是 1:1、1:2、1:5、1:10、1:20。一般情况下，一幅图样应选用一种比例。

2）图例符号

装饰设计施工图的图例符号应遵循《房屋建筑制图统一标准》的有关规定。

3）图纸目录及设计说明

一套图纸应有自己的目录。在第一页图的适当位置编排本套图纸的目录。图纸目录包括图别、图号和图纸内容，采用标准图集、代号、备注等。

设计说明包括施工中所选用的材料、规格、样式、施工做法等。

二、平面布置图　　TWO

平面布置图是装饰设计施工图中的主要图样，它是根据装饰设计原理、人体工程学及用户的要求画出的用于反映建筑平面布局、装饰空间及功能区域的划分、家具设备的布置、绿化及陈设的布局等内容的图样，是确定装饰空间平面尺度及装饰形体定位的主要依据。平面布置图如图 5-13 所示。

1. 平面布置图的形成与表达

平面布置图与建筑平面图一样，实际上是一种水平剖面图，但习惯上仍称为平面布置图，其常用比例为 1:50、1:100、1:150 等。

平面布置图中剖切到的墙、柱轮廓线等用粗实线表示，未剖切到但能看到的内容用细实线来表示。门扇的开启线也常用细实线表示。

2. 平面布置图的图示内容

（1）建筑平面图的基本内容，如墙、柱的定位轴线，门窗及编号和开门方向等。

（2）室内楼（地）面标高。

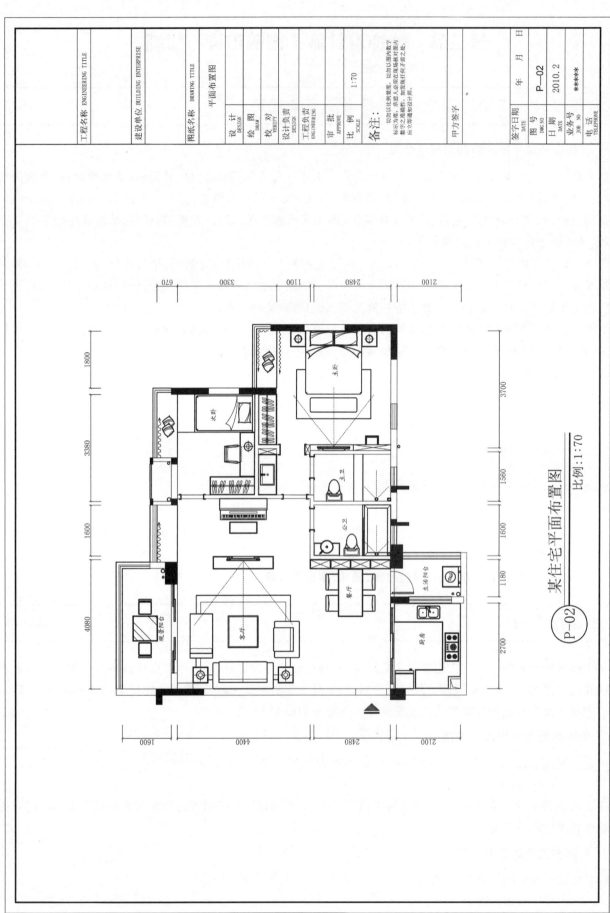

某住宅平面布置图

比例：1∶70

P-02

图 5-13　平面布置图

工程名称 ENGINEERING TITLE			
建设单位 BUILDING ENTERPRISE			
图纸名称 DRAWING TITLE	平面布置图		
设　计 DESIGN			
绘　图 DRAW			
校　对 VERITY			
设计负责 DESIGN			
工程负责 ENGINEERING			
审　批 APPROVE			
比　例 SCALE	1∶70		
备注：	切勿以比例量度。切勿以图内数字标示为准，承建人必须在现场核对图内数字之准确性。如发现任何疑问之处，应立即通知设计师。		
甲方签字			
签字日期 DATE	年　月　日		
图　号 DWG NO	P—02		
日　期 DATE	2010.2		
业务号 JOB NO	******		
电　话 TELEPHONE			

（3）室内固定家具、活动家具、家用电器等的位置。

（4）装饰陈设、绿化美化等位置及图例符号。

（5）室内立面图的剖切投影符号。

（6）室内现场制作家具的定形、定位尺寸。

（7）索引符号、图名及装饰要求等文字说明。

3. 平面布置图的识读

（1）先浏览平面布置图中各房间的功能布局、图样比例等，了解图中基本内容。

一般住宅室内房间布局主要有客厅、书房、餐厅、厨房、卫生间、储藏间等功能区域。

（2）注意各功能区域的平面尺寸、地面标高、家具及陈设的布局。

客厅是住宅布局中的重要空间，常布置有影视柜、沙发、茶几、装饰柜等家具。在平面布局图中，家具、绿化、陈设等应按比例绘制，一般选用细线表示。

餐厅是聚餐的区间，常布置有餐桌、椅子、酒柜等。

厨房设有操作台、洗菜池、灶台、冰箱等。

卫生间常比客厅、卧室地面低 0.02 m，常设有坐便器、洗脸台、沐浴房和洗衣机等。

一般主卧室是设有卫生间的套房。卧室的主要家具有床、床头柜、梳妆台、组合衣柜、地柜、挂衣架等。其中，床头靠墙，其余三面作为人行通道，其他家具沿墙身布置。

（3）理解平面布置图中的内视符号。

如为表示室内立面在平面图中的位置及名称，常在平面布置图的客厅中绘出墙面的内视符号，即以该符号为站点分别以 A、B 等方向观看所指的墙面，并且以该字母命名所指墙面立面图的编号。内视投影编号宜用拉丁字母按顺时针方向注写在 8～12 mm 的细实线圆圈内。

（4）识读平面布置图中的详细尺寸。

平面布置图中一般应标注固定家具或造型等的尺寸。在平面布置图外围一般应标注两道尺寸：第一道为房屋门窗洞口、墙体或墙垛的尺寸；第二道为房间开间及进深尺寸。房屋室外有台阶等构配件时，也应标注其定形、定位尺寸。

平面布置图决定室内空间的功能及流线布局，是顶棚设计、墙面设计的基本依据和条件。平面布置图确定后再绘制地面平面布置图、顶棚布置图、墙（柱）面装饰立面图等图样。

三、地面平面布置图　　　　　　　　　　　　　　THREE

1. 地面平面布置图的形成与表达

地面平面布置图同平面布置图的形成原理一样，所不同的是地面平面布置图不画活动家具及绿化等内容，主要表达地面造型、材料名称和工艺要求、地面标高等。

地面平面布置图的比例一般为 1∶50、1∶100、1∶150。地面平面布置图如图 5-14 所示，地面分格线用细实线表示。

2. 地面平面布置图的图示内容

（1）建筑平面图的基本内容。

（2）室内地面材料选用、颜色与分格尺寸及地面标高等。

（3）地面拼花造型。

（4）索引符号、图名及必要的说明。

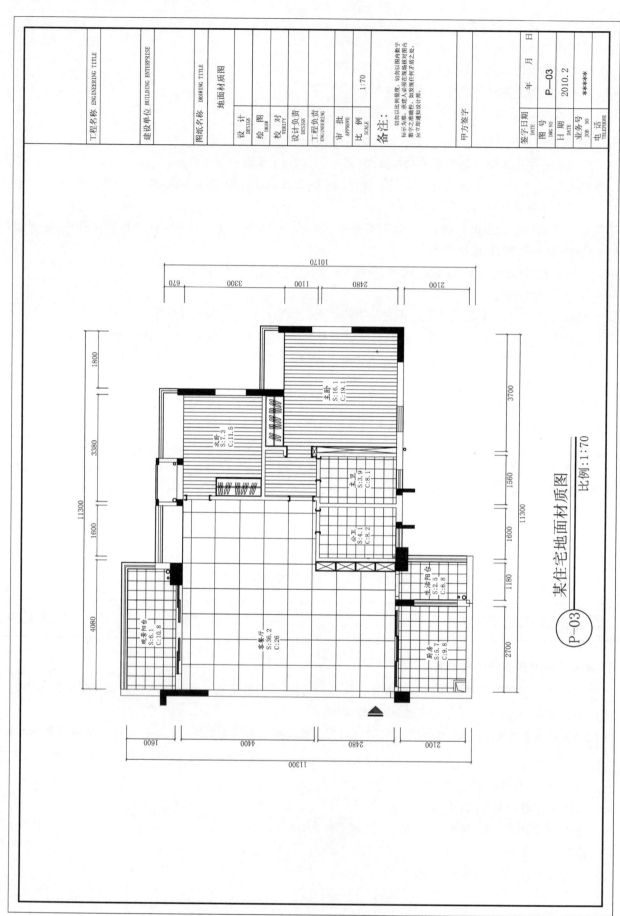

图 5-14 地面平面布置图

四、顶棚（天花）布置图 FOUR

顶棚（天花）布置图是以镜像投影法画出的反映顶棚平面形状、灯具位置、材料选用、尺寸标高及构造做法等内容的水平镜像投影图，其上还兼有音响、空调、防火等布置状况。顶棚是室内设计的重要部位，其设计是否合理对人的感受影响较大。天花布置图如图 5-15 所示。

顶棚的装修通常分为悬吊式和直接式两种类型。

悬吊式顶棚造型复杂，涉及的尺寸、材料、颜色、工艺要求等的表达也较多，造价较高；直接式顶棚是利用原主体结构的楼板、梁进行饰面处理，其造型、工艺做法等较为简单，造价较低。

顶棚的装修施工除需顶棚平面图外，还需顶棚的剖面详图（或称节点详图）以完整地了解构造做法。顶棚布置图的常用比例是 1:50、1:100、1:150 等。

顶棚布置图的图示内容如下。

（1）建筑平面及门窗洞口。门画出门洞边线即可，不画门扇及开启线。

（2）室内（外）顶棚的造型、尺寸、做法和说明，有时可画出顶棚的主要断面图并标注标高。

（3）室内（外）顶棚灯具、空调风口、排气扇、消防设施、视频等设施符号及具体位置。

（4）与顶棚相接的家具、设备的位置及尺寸。

（5）窗帘及窗帘盒、窗帘帷幕板等。

（6）标注尺寸、剖面符号、详图索引符号、文字说明及比例等。

五、墙体图、开关布置图、插座布置图、水路图和索引图 FIVE

墙体图中的拆除墙体图如图 5-16 所示，新建墙体图如图 5-17 所示。开关布置图如图 5-18 所示。插座布置图如图 5-19 所示。水路图如图 5-20 所示。索引图如图 5-21 所示。

六、室内立面图 SIX

1. 室内立面图的形成

室内立面图（见图 5-22 至图 5-37）是将房屋的室内墙（柱）面按内视投影符号的指向，向直立投影面所作的正投影图。它用于反映室内空间垂直方向的装饰设计形式，如尺寸与做法、材料与色彩的选用等内容，是装饰设计施工图中的主要图样之一。室内立面图的具体名称应根据平面布置图中内视投影符号的编号或字母确定。

2. 室内立面图的图示内容

（1）室内立面轮廓线。顶棚有吊顶时可画出吊顶、叠级、灯槽等剖切轮廓线，墙面与吊顶的收口形式，可见的灯具投影图形等。

（2）墙面装饰造型及陈设（如壁挂、工艺品等），如门窗造型及分格、墙面灯具、暖气罩等装饰内容。

（3）装饰选材、立面的尺寸标高及做法说明。图外一般标注 1～2 道竖向及水平向尺寸，以及墙、地面、顶棚等的装饰标高；图内一般标注主要装饰造型的定形、定位尺寸，做法标注采用细实线引出。

（4）附墙的固定家具及造型。

（5）索引符号、说明文字、图名及比例等。比例常用 1:50、1:30、1:40 等。

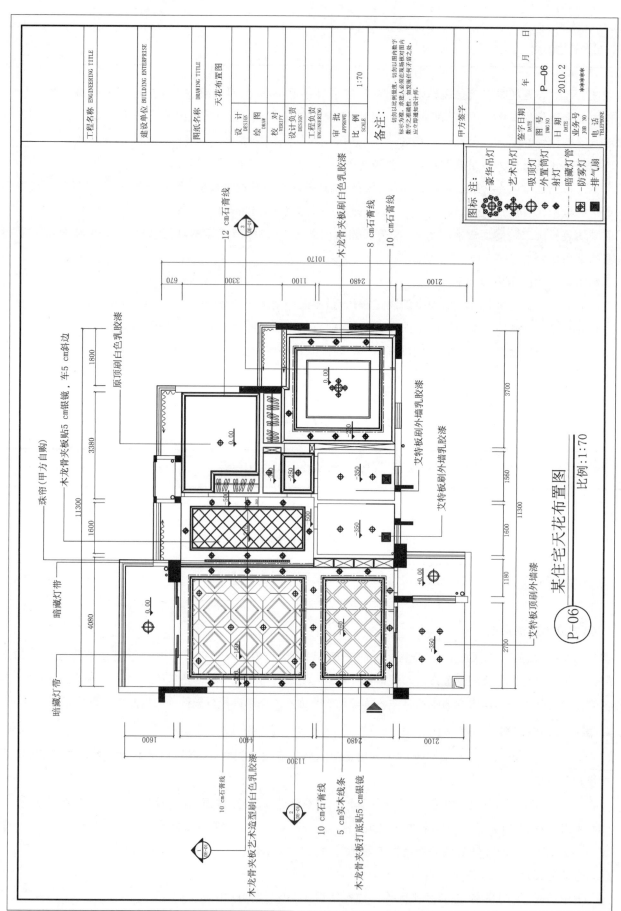

某住宅天花布置图

比例:1:70

图 5-15 天花布置图

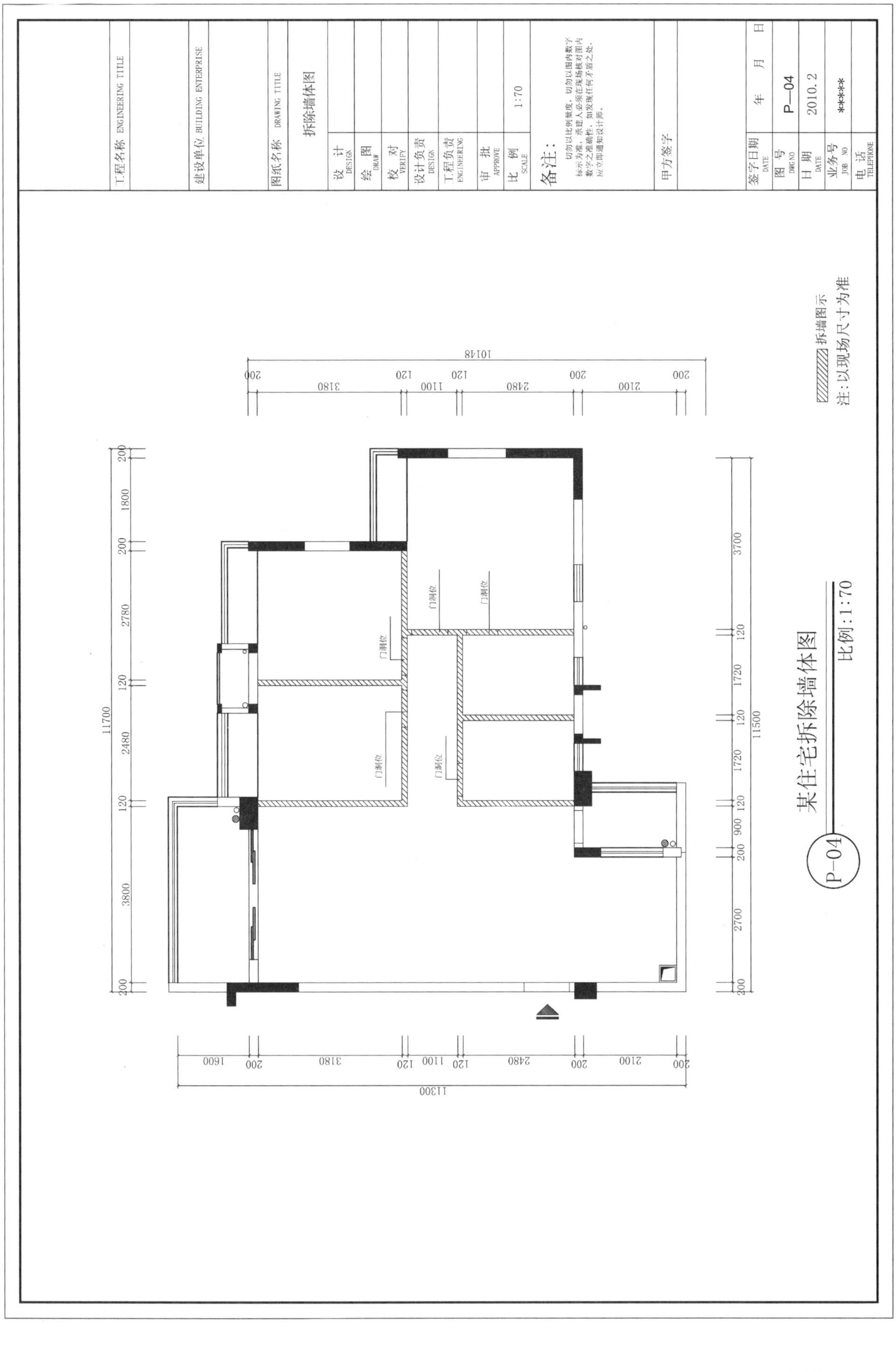
工程名称 ENGINEERING TITLE
建设单位 BUILDING ENTERPRISE
图纸名称 DRAWING TITLE
拆除墙体图
设计 DESIGN
绘图 DRAW
校对 VERIFY
设计负责 DESIGN
工程负责 ENGINEERING
审批 APPROVE
比例 SCALE
1:70
备注:
甲方签字
签字日期 DATE
年 月 日
图号 DWG NO
P—04
日期 DATE
2010.2
业务号 JOB NO
*****
电话 TELEPHONE
拆墙图示
注:以现场尺寸为准
门洞位
某住宅拆除墙体图
比例:1:70
P—04

图 5-16 拆除墙体图

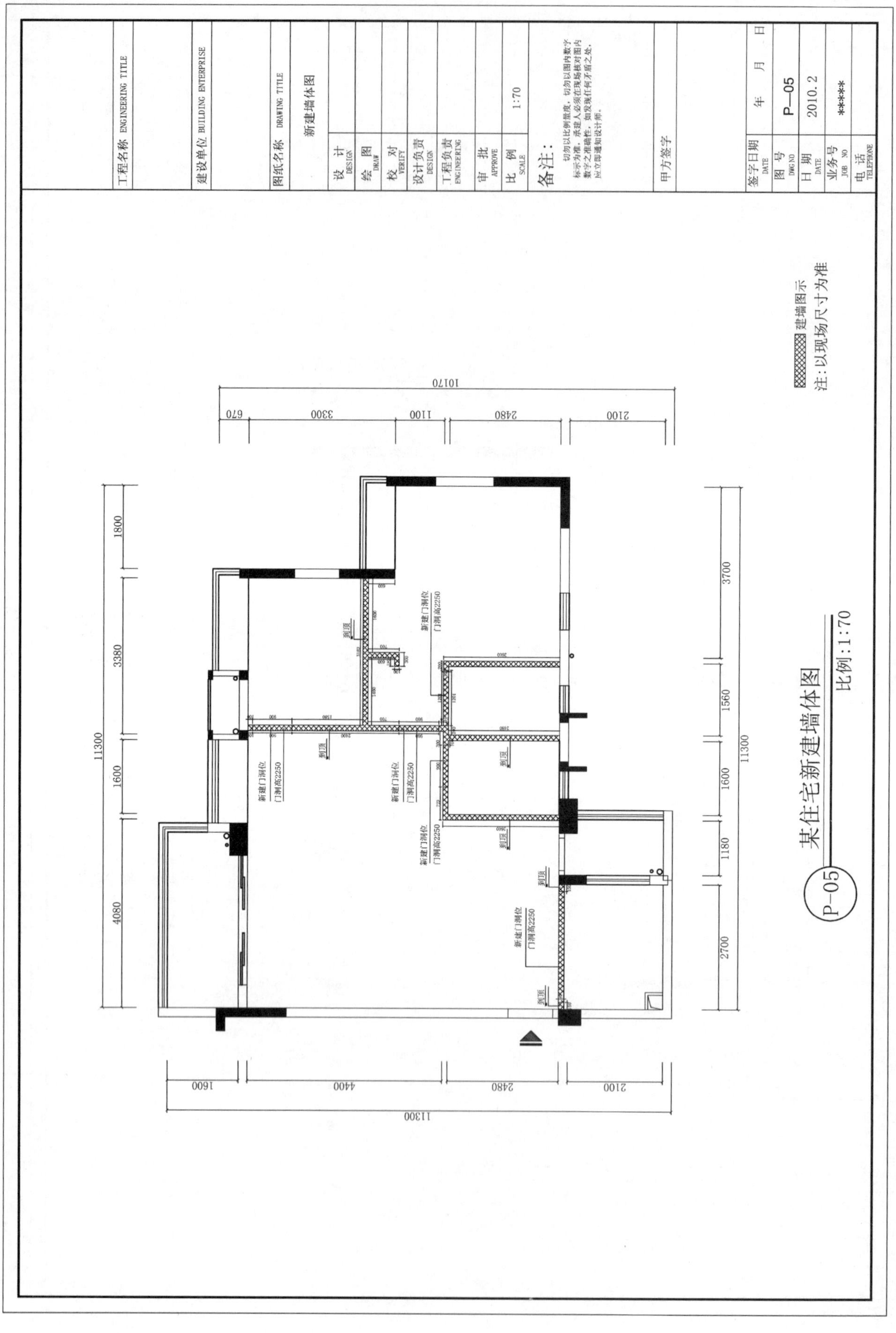
工程名称 ENGINEERING TITLE
建设单位 BUILDING ENTERPRISE
图纸名称 DRAWING TITLE
新建墙体图
设计 DESIGN
绘图 DRAW
校对 VERIFY
设计负责 DESIGN
工程负责 ENGINEERING
审批 APPROVE
比例 SCALE
1:70
备注:
切勿以比例量度，切勿以图内数字标示为准，承建人必须在现场核对图内数字之准确性，如发现任何不符之处，应立即通知设计师。
甲方签字
签字日期 DATE
年 月 日
图号 DWG NO
P—05
日期 DATE
2010.2
业务号 JOB NO
*****
电话 TELEPHONE
建墙图示
注:以现场尺寸为准
10170
670
3300
1100
2480
2100
11300
1800
3380
1600
4080
3700
1560
1600
1180
2700
1600
4400
2480
2100
新建门洞位
门洞高2250
到顶
某住宅新建墙体图
比例:1:70
P-05

图 5-17 新建墙体图

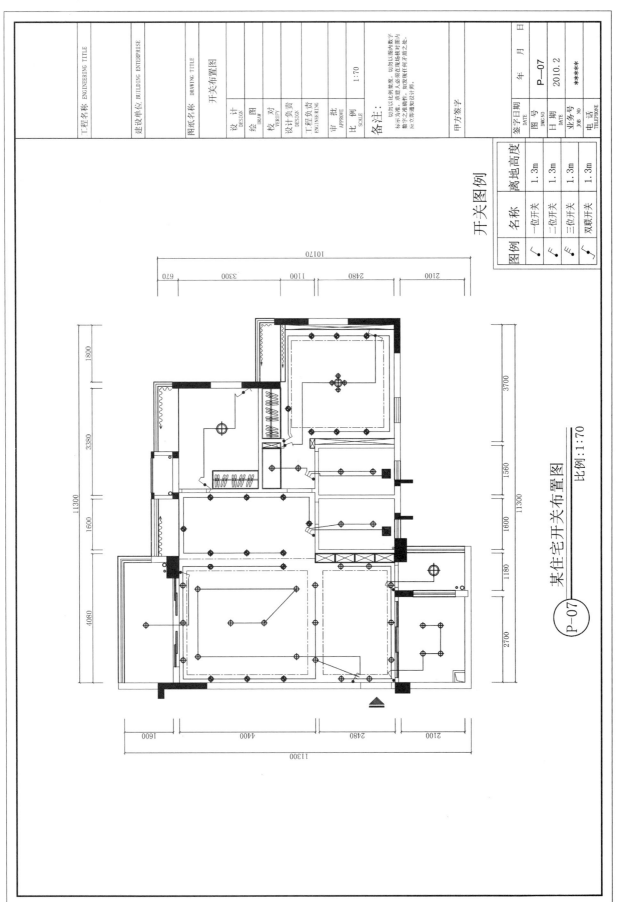

图例	名称	离地高度
⌒	一位开关	1.3m
⌐	二位开关	1.3m
⌐	三位开关	1.3m
⌒	双联开关	1.3m

开关图例

某住宅开关布置图

比例:1:70

P-07

图 5-18 开关布置图

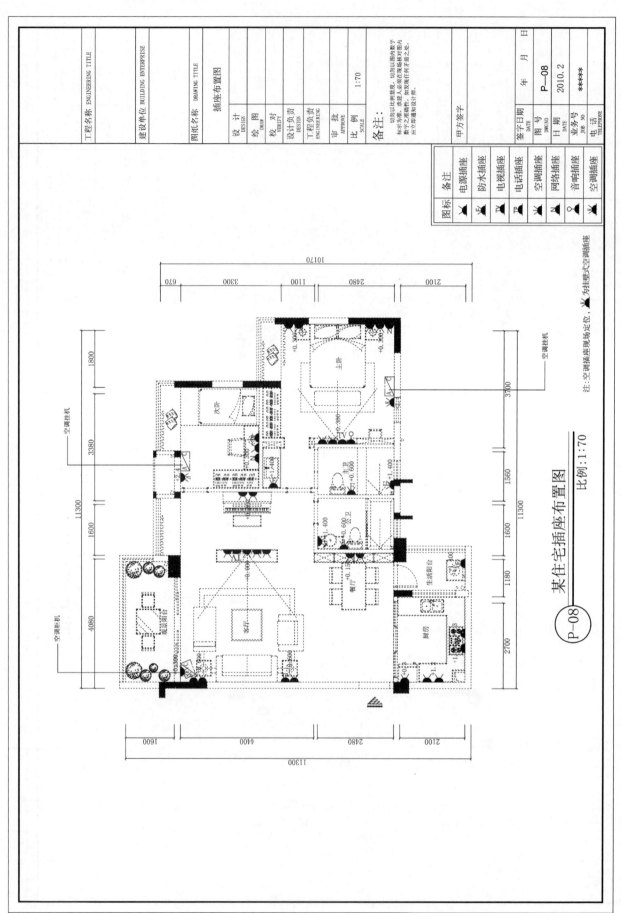

某住宅插座布置图

比例：1：70

P-08

图5-19 插座布置图

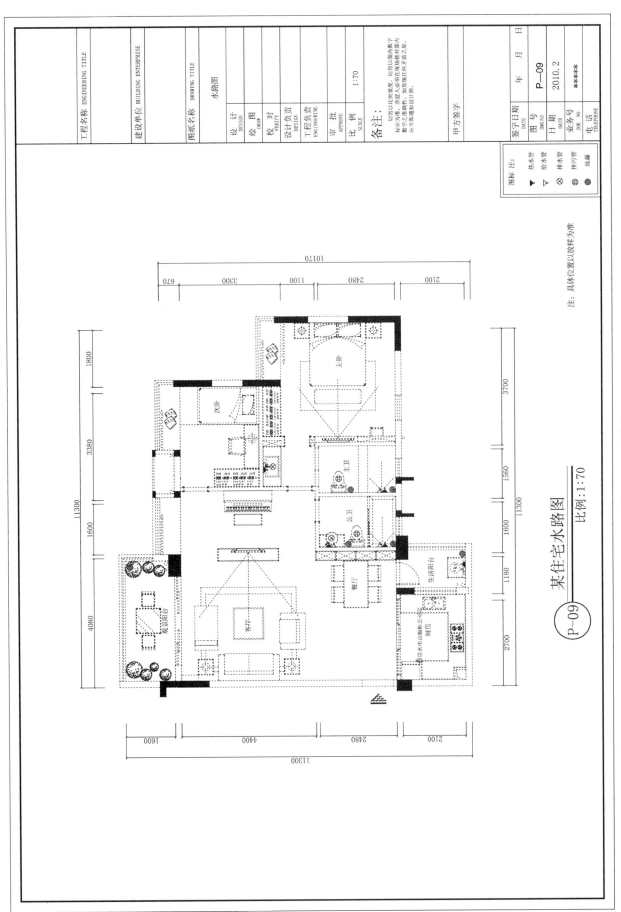

图 5-20　水路图

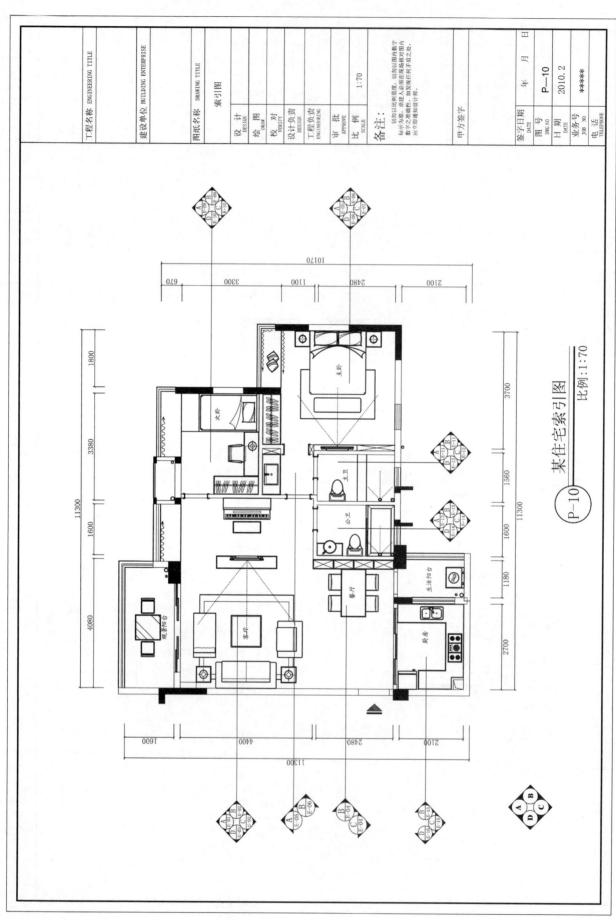

图 5-21 索引图

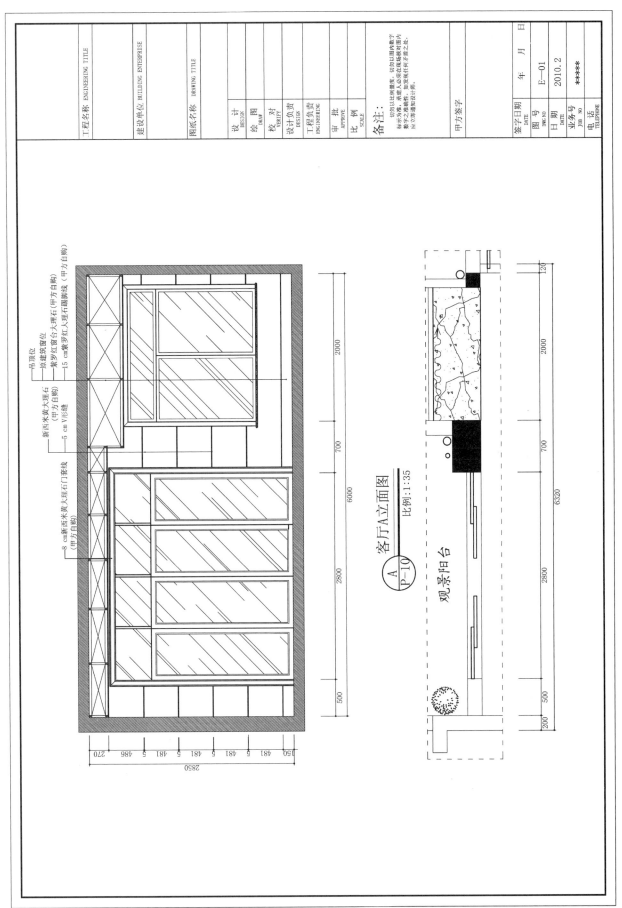

图 5-22　室内立面图1

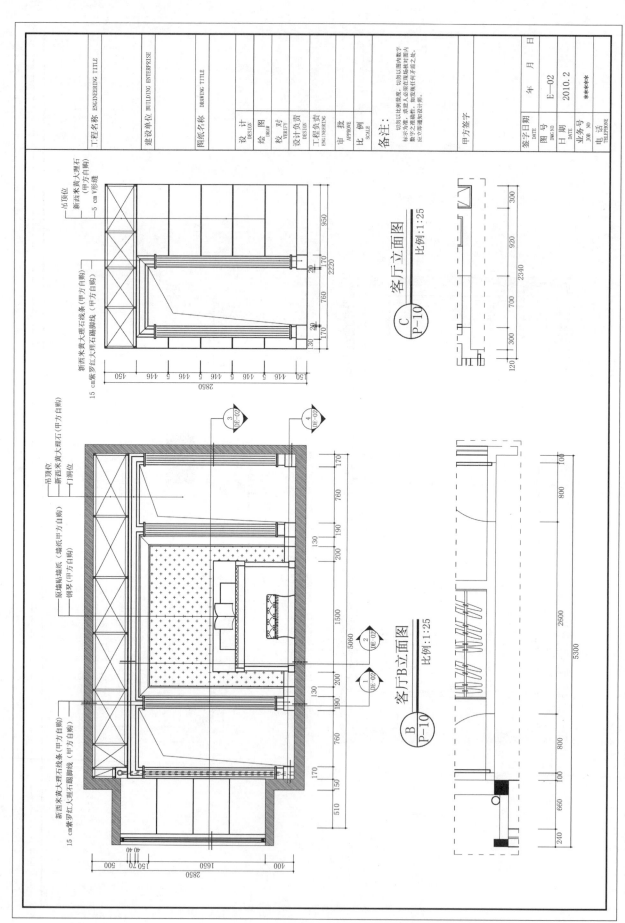

图 5-23 室内立面图2

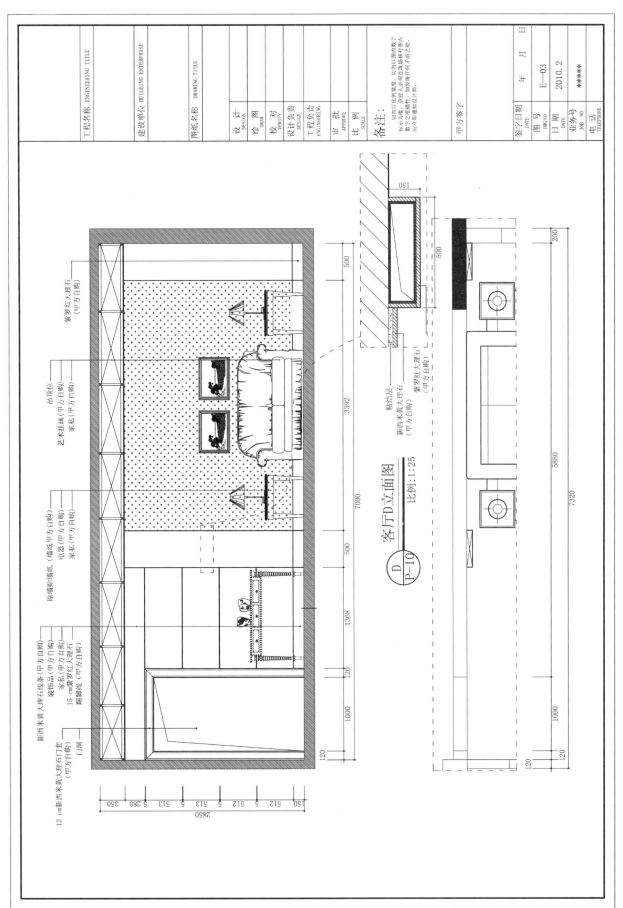

客厅D立面图

比例：1：25

D
P-10

图 5-24　室内立面图3

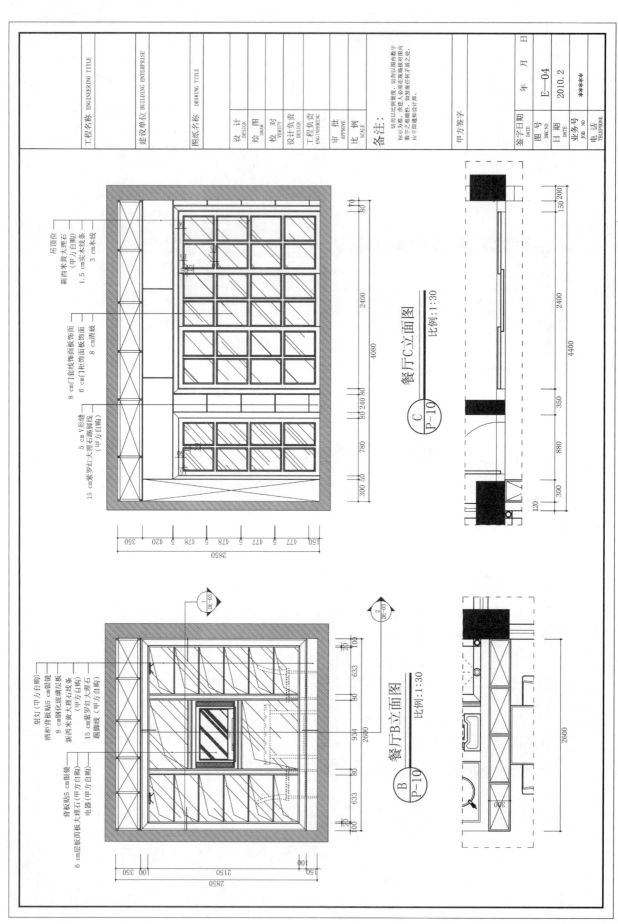

图 5-25 室内立面图4

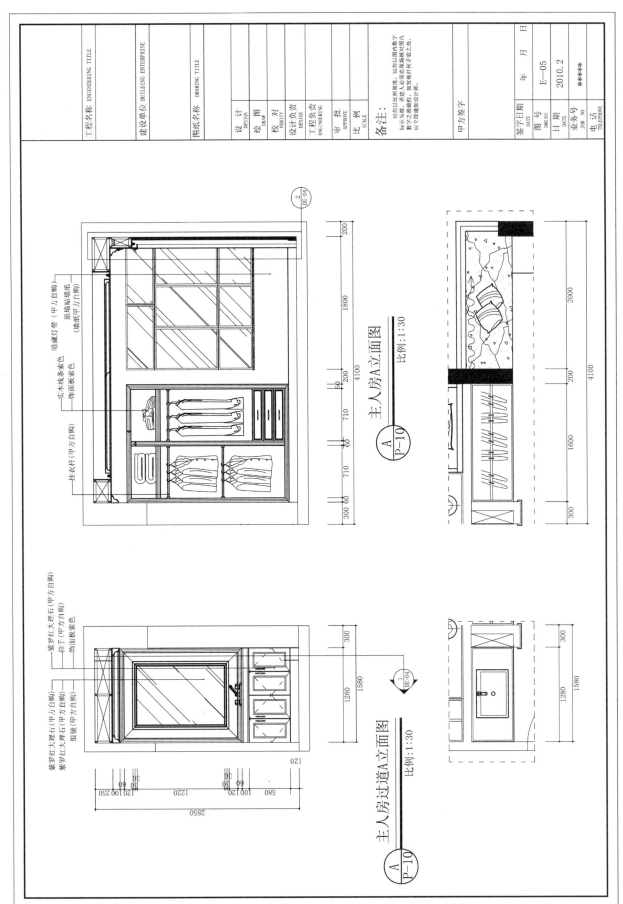

图 5-26　室内立面图5

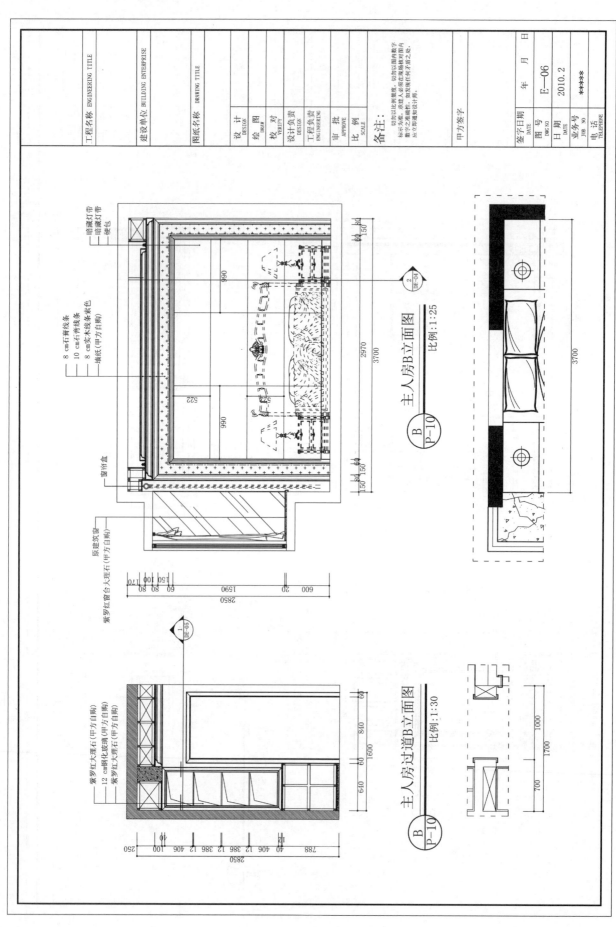

图 5-27　室内立面图6

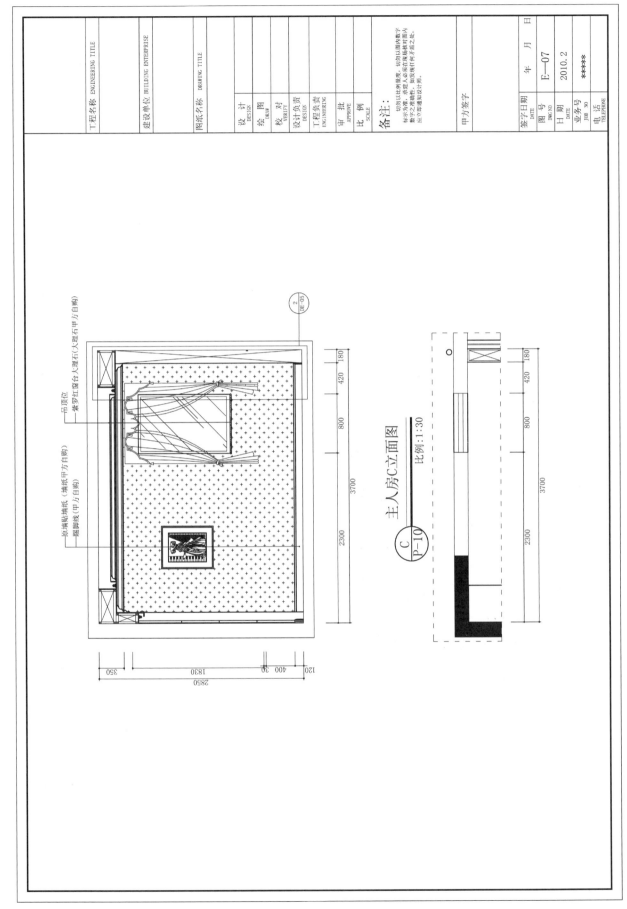

图 5-28　室内立面图7

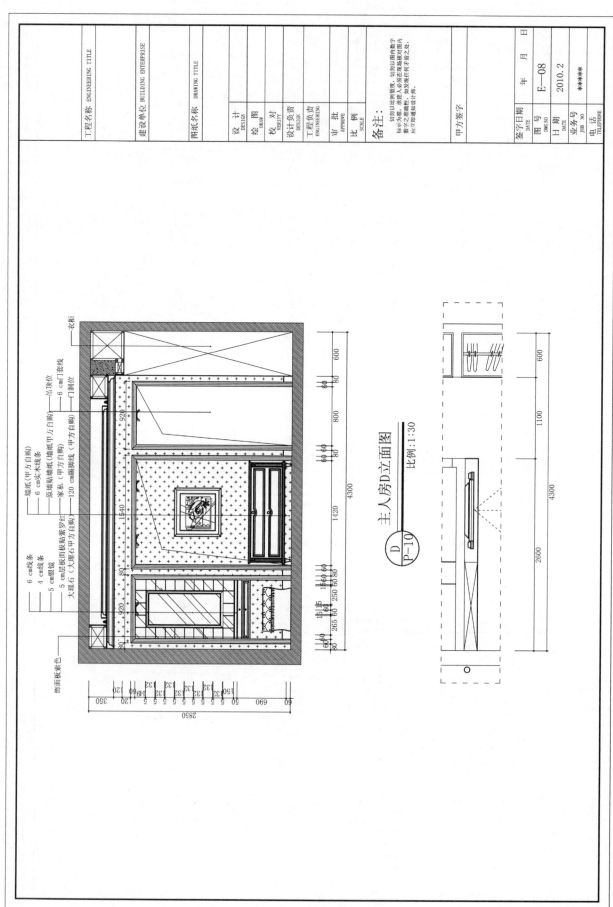

主人房D立面图

D / P-10

比例:1:30

图 5-29　室内立面图8

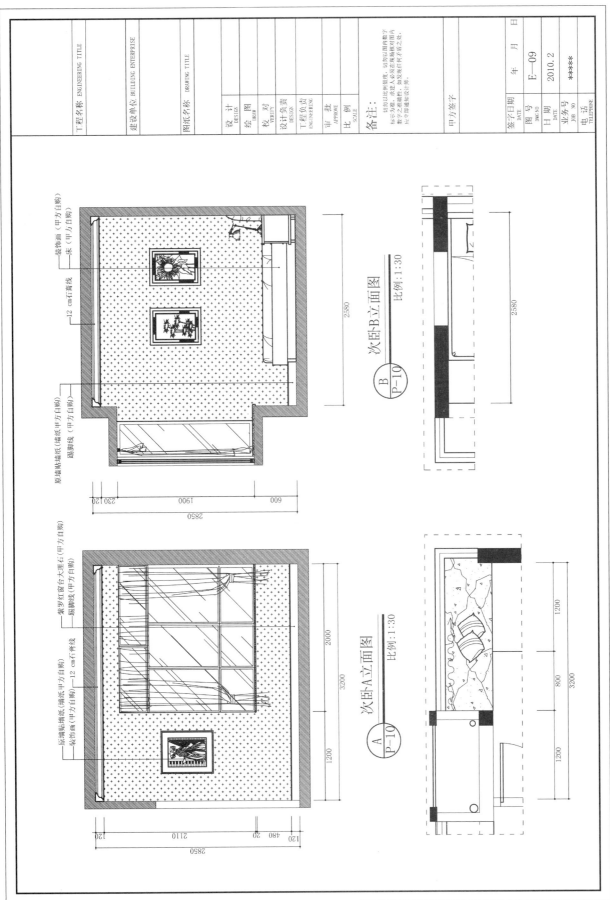

图 5-30　室内立面图9

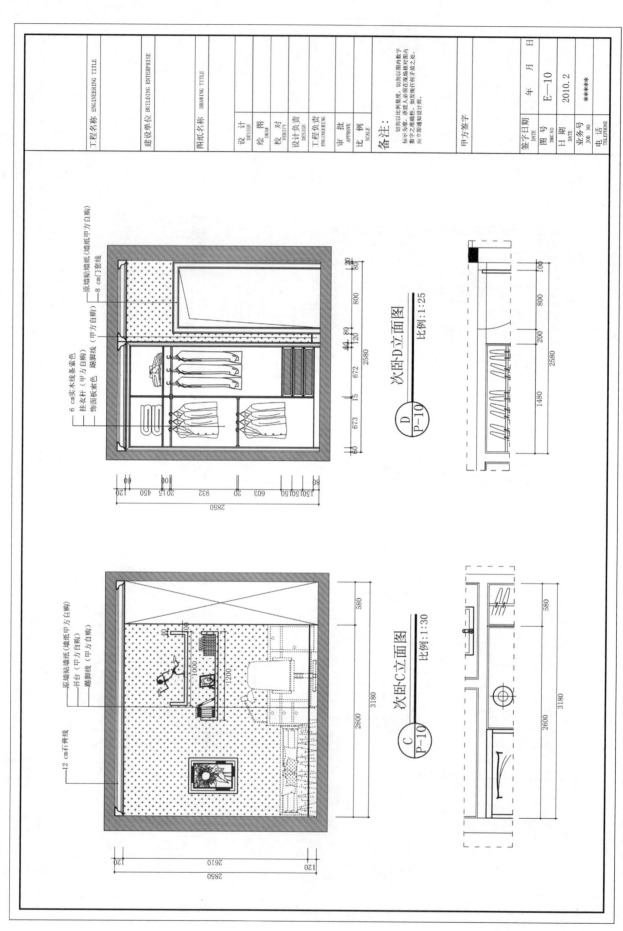

图 5-31　室内立面图10

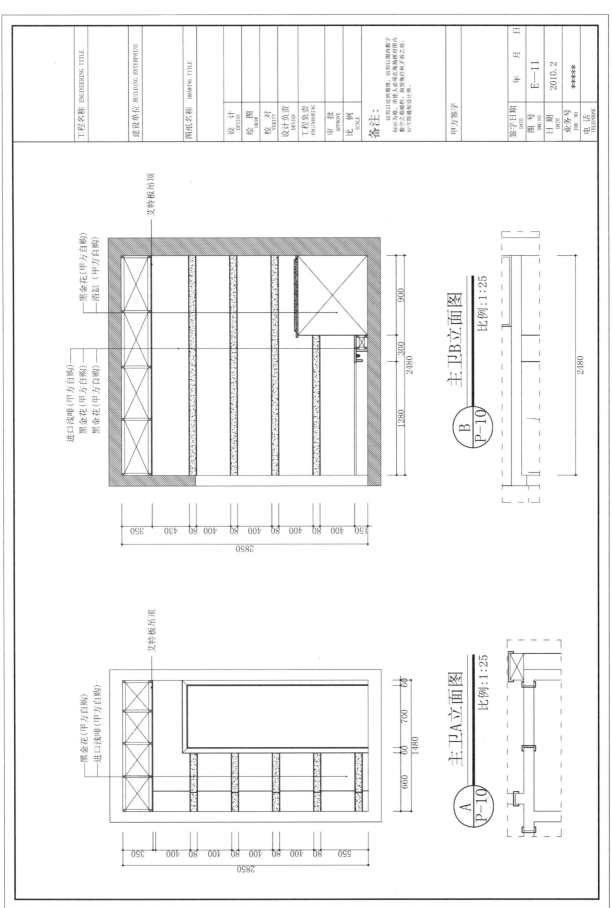

图 5-32 室内立面图11

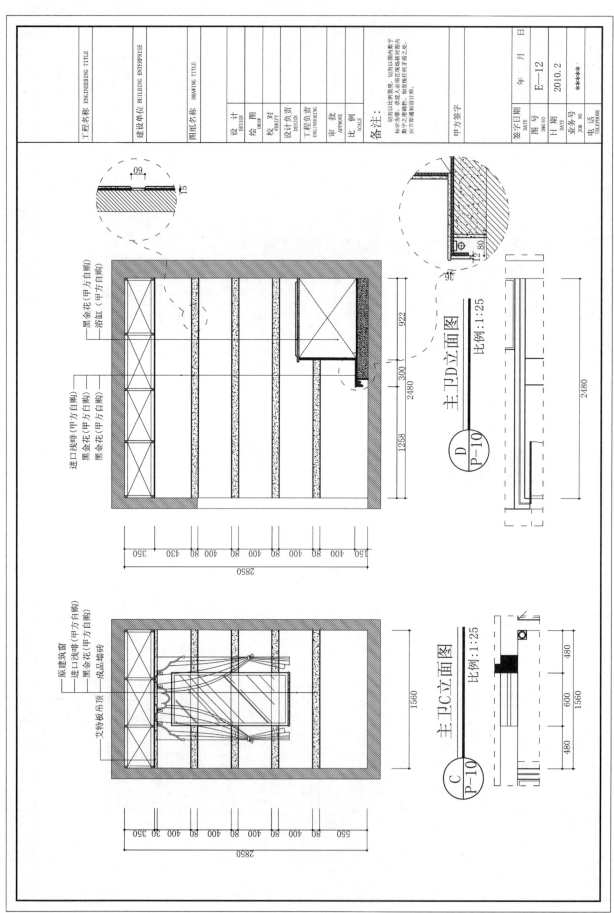

图 5-33 室内立面图12

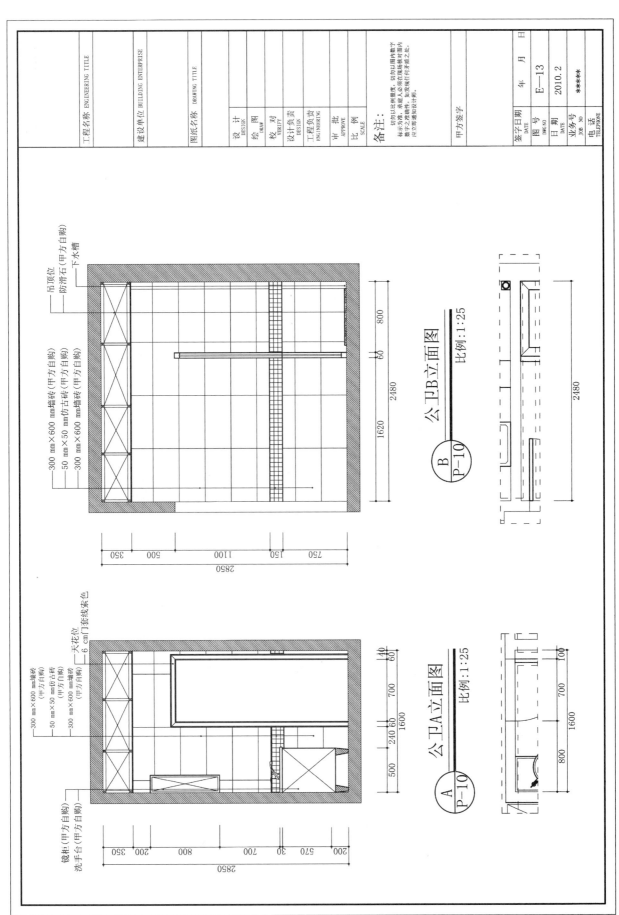

图 5-34　室内立面图图13

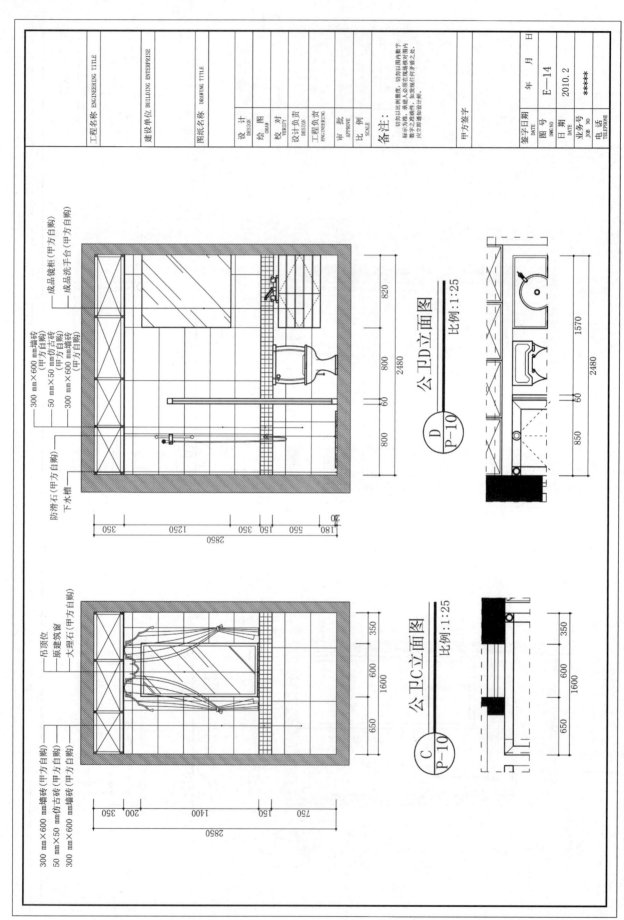

图 5-35 室内立面图14

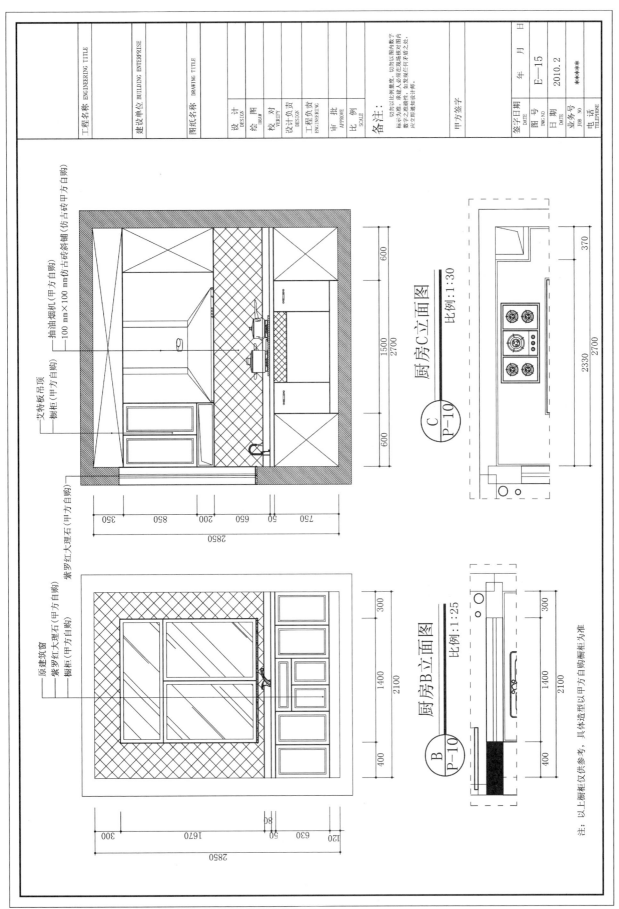

图 5-36　室内立面图15

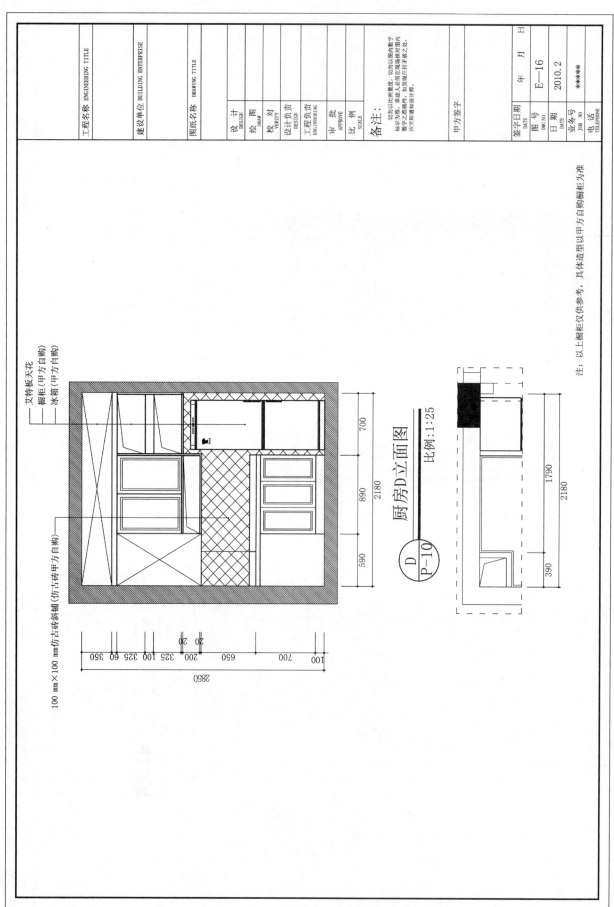

厨房D立面图

比例:1:25

D
P—10

100 mm×100 mm仿古砖斜铺(仿古砖甲方自购)

艾特板天花
橱柜(甲方自购)
冰箱(甲方自购)

置物架(仿古砖甲方自购)

图5-37 室内立面图16

注: 以上橱柜仅供参考,具体造型以甲方自购橱柜为准。

工程名称 ENGINEERING TITLE		
建设单位 BUILDING ENTERPRISE		
图纸名称 DRAWING TITLE		
设 计 DESIGN		
绘 图 DRAW		
校 对 VERITY		
设计负责 DESIGN		
工程负责 ENGINEERING		
审 批 APPROVE		
比 例 SCALE		
备 注:		
甲方签字		
签字日期 DATE	年 月 日	
图 号 DWG.NO	E—16	
日 期 DATE	2010.2	
业务号 JOB NO		
电话 TELEPHONE	****	

备注:切勿以比例量度,切勿以图内数字标示为准,再键入必须在现场核对或图内数字之间确确操作,如发现任何不符之处,应立即通知设计师。

3. 室内立面图的识读

（1）确定要读的室内立面图所在的房间位置，在平面布置图中按照内饰符号的指向，理解要读的室内立面图。

（2）在平面布置图中明确该墙面有哪些固定家具和室内陈设等，并注意其定形、定位尺寸、做法，对所读墙（柱）面布置的家具、陈设等有一个基本了解。

（3）详细识读室内立面图，注意墙面装饰造型及装饰面的尺寸、范围、选材、颜色及相应做法。

（4）查看立面标高、其他细部尺寸、索引符号等。

七、装饰详图　　　　　　　　　　　　　　SEVEN

1. 装饰详图的形成与表达

装饰详图如图 5-38 至图 5-42 所示。

由于平面布置图、地面平面布置图、室内立面图、顶棚布置图等比例一般较小，很多装饰造型、构造做法、材料、细部尺寸等无法反映清楚，满足不了装饰施工、制作的需要，故需放大比例画出详细图样，由此形成装饰详图。装饰详图一般采用 1:1～1:20 的比例绘制。

2. 装饰详图的分类

装饰详图按其部位分为如下几种。

（1）墙（柱）面装饰剖面图，主要用于表达室内立面的构造，着重反映墙（柱）面在分层做法、选材、色彩上的要求。

（2）顶棚详图，是主要用于反映吊顶构造、做法的剖面图或断面图。

（3）装饰造型详图，是反映独立的或依附于墙柱的装饰造型、表现装饰的艺术氛围和情趣的构造体（如影视墙、花台、屏风、壁龛、栏杆造型）的平、立、剖面图及线角详图。

（4）家具详图，主要反映需要现场制作、加工、油漆的家具的情况，如衣柜、书柜、储藏柜、床、书桌等。

（5）装饰门窗及门窗套详图。门窗是装饰工程中的主要施工内容之一，其形式多种多样，起着烘托装饰效果的作用。具体图样有门窗及门窗套立面图、剖面图和节点详图。

（6）楼地面详图，反映地面的艺术造型及细部做法等内容。

（7）小品及饰物详图。小品、饰物详图包括雕塑、水景、指示牌、织物等的制作图。

3. 装饰详图的图示内容

当装饰详图所反映的形体的体量和面积较大或造型变化较多时，通常先画出平面、立面、剖面图来反映装饰造型的基本内容，如准确的外部形状（凹凸变化）、与结构体的连接方式、标高、尺寸等。常用比例一般为 1:10～1:50。

装饰详图图示内容一般有如下几种。

（1）装饰形体的建筑做法、造型样式、材料选用、尺寸标高。

（2）所依附的建筑结构、材料、连接做法，如钢筋混凝土与木龙骨、轻钢及型钢龙骨与内部骨架的连接图示。

（3）装饰体基层板材的图示（剖面图或断面图），如石膏板、木芯板、多层夹板、密度板、水泥压力板等用于找平的构造层次。

（4）装饰面层，如胶缝及线角的图示。复杂线角及造型等还应绘制大样图。

（5）色彩及做法说明、工艺要求等。

（6）索引符号、图名、比例等。

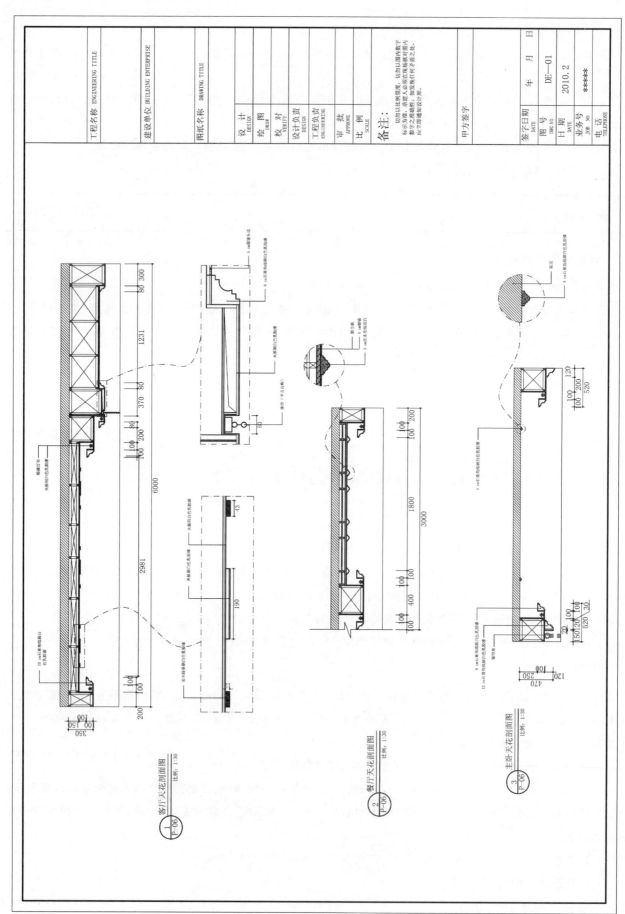

图 5-38　装饰详图1

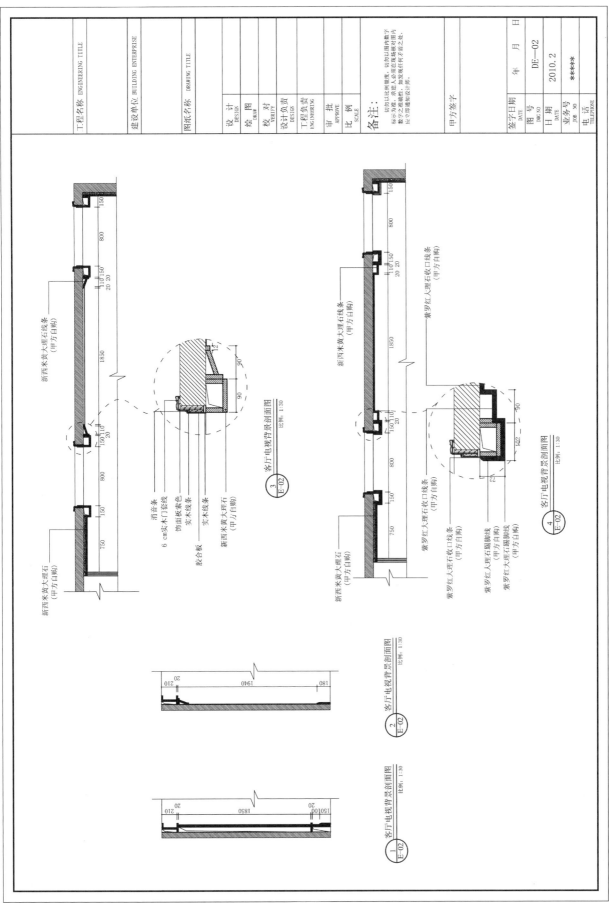

图 5-39 装饰详图2

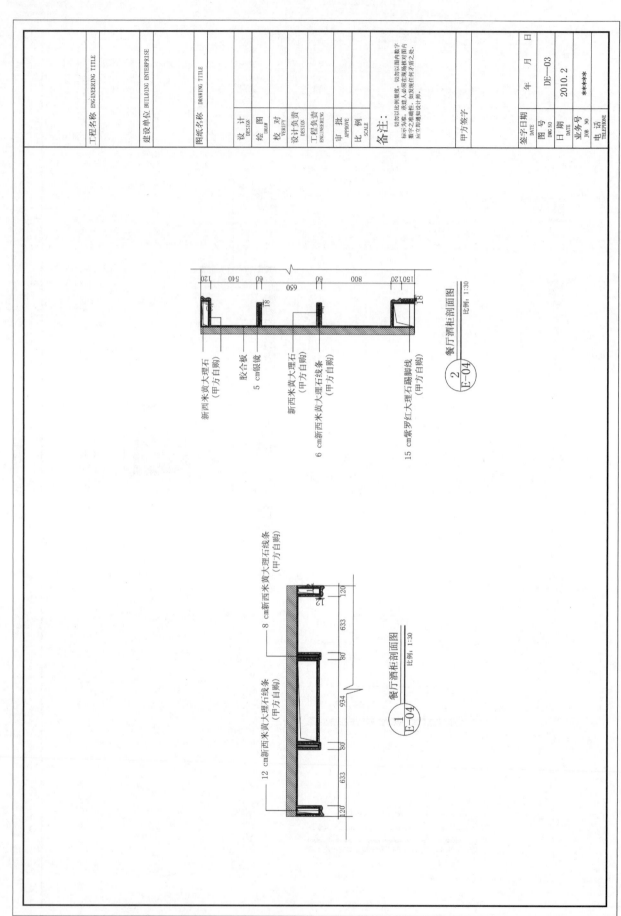

图 5-40　装饰详图3

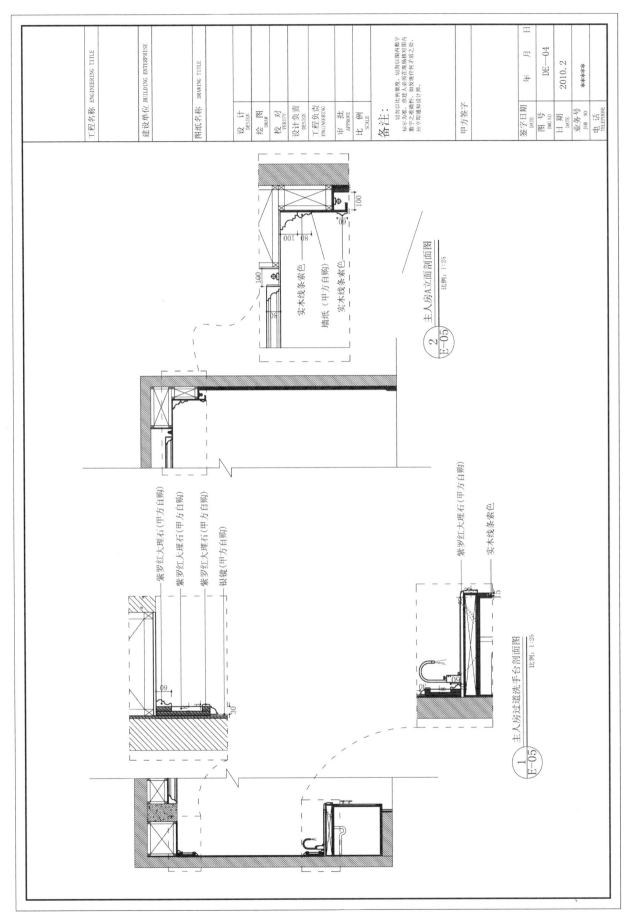

图 5-41 装饰详图4

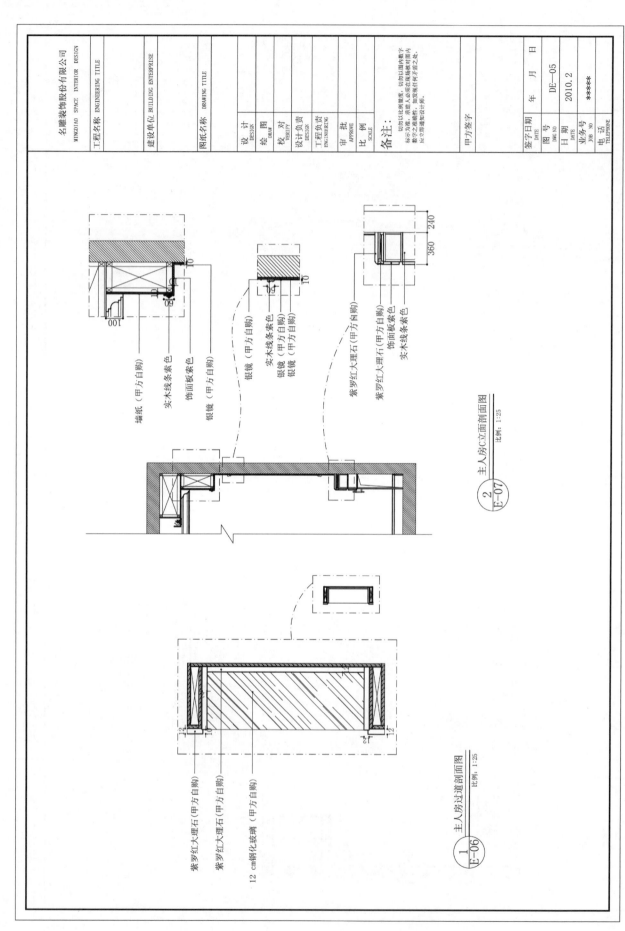

图 5-42 装饰详图5

第三节　室外设计图的识读与绘制

环境艺术设计包括室内环境艺术设计与室外环境艺术设计,即建筑内外设计与园林景观设计。室外环境艺术设计主要用室外设计图体现,以下为室外设计图相关内容。

一、概述　　　　　　　　　　　　　　　　　　　　　　　　ONE

1. 概念

室外设计图主要指园林工程图。园林工程图主要反映园林土方工程、筑山工程、理水工程、园路工程、种植工程等专项工程的状况。一般园林建筑不包括在内。

园林设计是指在一定土地范围内运用艺术手法和工程技术手段,将园林要素(山、水、植物、园建小品、道路等)整合起来进行综合设计,创造优美的游憩环境。

2. 园林工程图的作用与内容

园林工程图的作用主要是作为施工和预算编制的依据,施工人员和预算编制人员通过图纸可以了解工程施工的各项要求和做法。

园林工程图的主要内容如下。

(1) 设计施工总说明:位于图纸前页,一般包括设计图纸文件介绍、文件目录及设计总说明。

(2) 园林总体规划设计图:表达园林设计整体布局及相应内容,主要包括园林平面设计图(展现园林设计平面布局状态)、园林总立面图(通过立面图展现竖向设计特色)、剖面图(主要展现重点景区内部构造)、整体鸟瞰图或重要景区鸟瞰图等。

(3) 土方工程施工图:表达土方工程设计内容,主要包括竖向设计图(主要为立面地形的变化)、土方调配平面图(对地形设计的表达)、剖面图等。

(4) 筑山工程施工图:表达筑山工程设计的内容,主要包括假山工程和置石工程的平面图、立面图、剖面图及详图。

(5) 园路工程图:表达园路工程设计的内容,主要包括园路工程施工图、铺装施工图的平面图、立面图、剖面图及详图。

(6) 理水工程图:表达理水工程设计的内容,主要包括驳岸工程、水体工程的平面图、立面图、剖面图、详图及综合管网图的平面图、系统图。

(7) 种植设计图:表达种植工程设计的内容,包括各类绿地种植工程的平面图、立面图、剖面图和详图。

(8) 个别特色建筑等的详图。

3. 图形的定位轴线

在施工图中将房屋的基础墙、柱和梁等承重构件的轴线画出,并进行编号,以便施工时放线定位和查阅图纸,这些轴线称为定位轴线。室外设计图中也常用定位轴线。

二、园林总体规划设计图　　　　　　　　　　　　　　　　　　TWO

1. 图示内容

园林总体规划设计图也称设计平面图(见图 5-43)、总平面图,一般采用 1:100～1:500 的比例,对于大区域的设计,可以采用1:1 000的比例。

总平面图包括的内容如下。

(1)工程区域坐标,以及基准点、基准线的位置。

(2)工程区域用地范围、区域现状。

(3)工程区域内地形地貌的改造情况。

(4)工程区域内景观的内容、位置、范围和轮廓线。

在总平面图与其他工程施工图中常利用直角坐标网格来定位以表示各部位平面位置。通常用两种形式表示,一种为测量坐标网格,另一种是施工坐标网格。测量坐标网格是指用国家测绘部门给出的坐标值标注。施工坐标网格则是用国家测绘部门给出的某坐标作为坐标原点,在施工图中另行标注相关坐标值。

地形——一般通过等高线表示。原地形等高线用虚线示意,设计地形等高线用细实线表示,总平面等高线不表示高程。

园林建筑——1:1 000以上的比例只需要用粗实线表示建筑水平面投影外轮廓线,细节图在剖面图中表示。

水体——一般在平面图中用两条曲线表示,外面一条粗实线为水体边界线(驳岸线),里面一条细线表示水面。

山石——用水平投影轮廓线表示,粗实线示意边缘轮廓线,细实线示意纹路。

园路——路缘用细实线表示,铺装路面设计图案通过详图表示。

植物——以图例示意,树冠投影按比例尺大小表示。

(5)新设计的建筑场地、道路、其他设施的定位尺寸、定形尺寸和绝对标高。

(6)指北针、风玫瑰的标注和标题栏注写。

(7)设计说明:分析现状,阐明规划意图和目标及规划设计的内容。

2. 识图要则

(1)看图名、图纸比例、风玫瑰图或指北针和设计说明。从文字、名称了解工程设计意图、工程性质、图样比例、图例表示及工程用地范围和周围环境情况。

(2)看地形地貌。通过等高线了解园林地形改造状态及山体、水体的位置。地形设计图如图5-44所示。

(3)看图例和文字说明。明确新设计图纸景观建筑物和景观小品的平面位置及总体布局情况。

(4)看坐标和尺寸等。

3. 绘图方法

(1)确定设计要点、图纸内容,进行合理布局和考虑。根据项目背景,确定设计风格,通过现场勘探、调研,收集相关资料,了解原始建筑物和管线位置,运用艺术手段和科学技术合理布局。

(2)根据区域范围及设计内容,确定比例。若范围(面积)相对较大、施工工程简单,可考虑用小比例;若范围(面积)相对较小、施工项目较多,则可采用较大的比例。

(3)选定图纸幅面,确定坐标基准点与基准线,绘制定位轴线。

(4)绘制底稿。绘制原有地形地貌;绘出新设计的场景。

(5)检查底稿。检查确认无误后,手绘图按照国家规定线型要求加深;计算机绘图按规定设置线型。

(6)标注尺寸和绝对标高。总平面图中的尺寸和标高以m为单位,并取小数点后两位,不足的以0补全。

(7)注写设计说明,绘制风玫瑰图或指北针、比例尺、标题栏等。

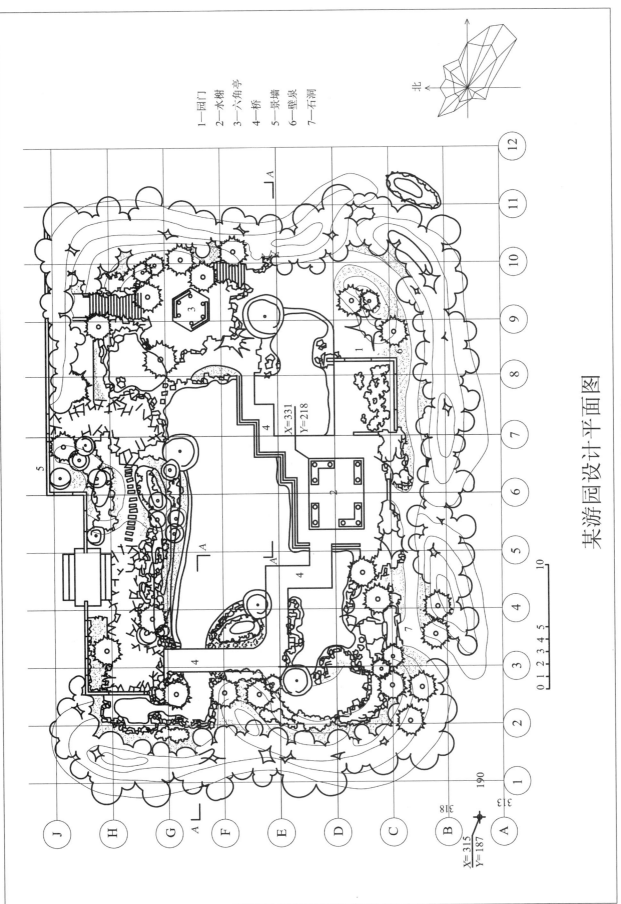

1—园门
2—水榭
3—六角亭
4—桥
5—景墙
6—壁泉
7—石洞

某游园设计平面图

图 5-43　设计平面图

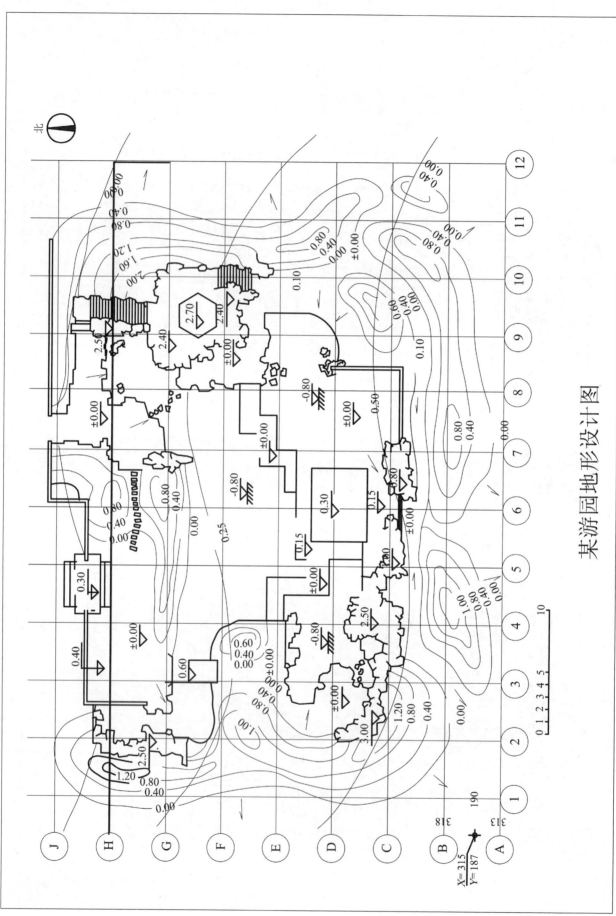

某游园地形设计图

图 5-44　地形设计图

三、土方工程施工图　　　　　　　　　　　　　　　　　THREE

土方工程施工图反映地形设计和竖向设计的内容和要求,主要包括竖向设计图、竖向设计平面图、土方调配图等。

1. 竖向设计图

竖向设计图主要表达竖向设计所确定的各种造园要素的坡度和各点高程,其关键是处理好自然地形和景园建设中各单项工程之间的空间关系等,包括区域景点的控制标高、各个景观小品(如桥、山石、建筑等)现状和设计标高的表达。

2. 竖向设计平面图

竖向设计平面图表示内容如下。

(1)设计和现状的高程,通过等高线形式表示,等高距依比例 1:100、1:200、1:500、1:1 000 分别为 0.1 m、0.2 m、0.5 m、1.0 m。

(2)建筑、山石、道路高程。

(3)排水方向示意。

(4)水体驳岸的岸顶、岸底标高,人工水体的进水口、泄水口、溢水口,以及自然水体的最高水位、最低水位、常水位的标高及池底的标高。

3. 土方调配图

土方调配图是表示土方调配改造和平面布置的图样,包括平面图和剖面图。

4. 土方工程施工图识读

(1)看图名、指北针、比例、文字说明。

(2)看等高线分布及其高程的标注,了解地形的起伏变化、与原地形区别和土方工程情况。

(3)看建筑、山石和道路高程。

(4)看排水方向。

(5)看坐标、确定施工放线依据等。

5. 绘图方法

(1)根据区域范围及设计内容,确定比例。

(2)绘出定位轴线与坐标网格,确定基准点与基准线。

(3)根据坐标绘出工程平面图,对建筑物只要求采用粗实线绘制出外形轮廓线。

(4)检查底稿,然后对手绘图按照国家标准线型加深;计算机绘图则按规定设置线型。

(5)标注尺寸和绝对标高。

(6)注写施工工艺。

(7)注写设计说明,绘制风玫瑰图或指北针、比例尺、标题栏等。

四、筑山工程施工图　　　　　　　　　　　　　　　　　FOUR

筑山工程施工图主要是指假山工程施工图。

假山工程施工图如图 5-45 所示。

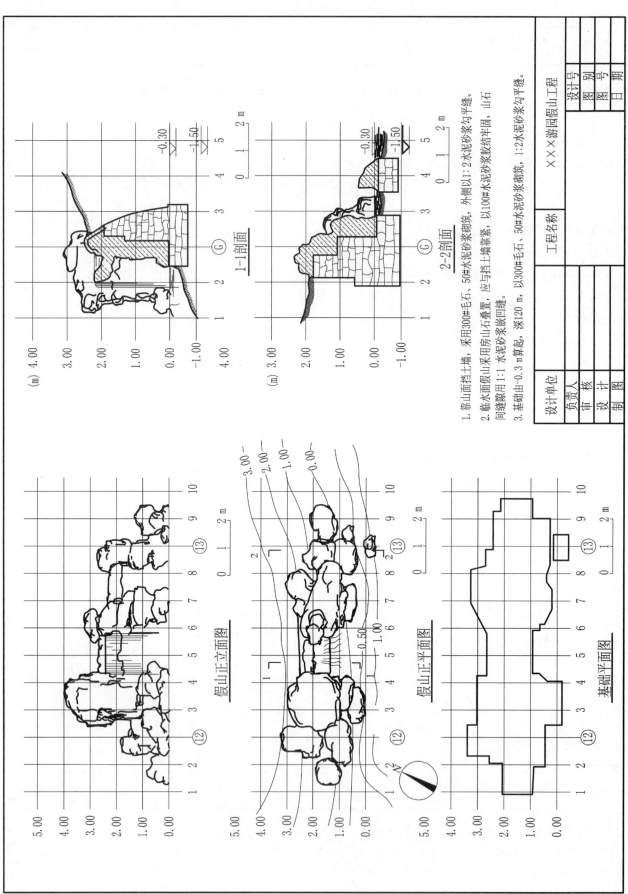

1. 靠山面挡土墙，采用300#毛石，50#水泥砂浆砌筑，外侧以1:2水泥砂浆勾平缝。
2. 临水面假山采用房山石叠置，应与挡土墙靠紧，以100#水泥砂浆胶结牢固，山石间缝隙用1:1水泥砂浆嵌凹缝。
3. 基础由-0.3 m算起，以300#毛石，50#水泥砂浆砌筑，1:2水泥砂浆勾平缝。深120 m。

1-1剖面

2-2剖面

假山正立面图

假山正平面图

基础平面图

设计单位		工程名称	×××游园假山工程	设计号	
负责人				图别	
审 核				图号	
设 计				日期	
制 图					

假山工程施工图

图 5-45　假山工程施工图

假山结构包括基础部分、中层部分、顶层部分等。

假山平面图表示各部位平面形状、周围地形和假山所在总平面图中的位置。

假山立面图表示山体的立面造型及主要部位标高,反映出峰、峦、洞、壑相互位置。

假山剖面图表示假山某处内部构造及结构形成,说明断面形状、材料、做法、施工要求等。

假山基础平面图表示基础平面位置及形状。

假山基础剖面图表示基础构造和做法。

假山工程施工图常以坐标网格法控制,平面图以长为横坐标、宽为纵坐标;立面图以长为横坐标、高为纵坐标;剖面图以宽为横坐标、高为纵坐标。

假山工程施工图识图步骤如下。

(1)看标题栏、设计说明:通过文字内容了解工程名称、材料和技术要求。

(2)看平面图:了解比例、方位、轴线编号,明确假山在总平面图中的位置、平面形状和大小及周围地形等。

(3)看立面图:了解山体中各部位的立面形状及高度,结合平面图辨析其前后层次及布局特点。

(4)看剖面图:了解山体断面形状、结构形式、材料与做法及各部高度。

(5)看基础平面图和基础剖面图:了解基础形状、大小、结构、材料、做法等。

五、驳岸工程施工图   FIVE

驳岸工程施工图(见图 5-46)包括驳岸平面图及断面详图。

驳岸平面图表示驳岸线(即水体边界线)的位置及形状。由于驳岸线平面形状多为自然曲线,为了便于施工,一般采用方格网控制,其轴线编号与总平面图轴线编号要相符。

断面详图表示某一区段的构造、尺寸、材料、做法、要求及主要部位(常水位、最高水位、最低水位、基础底面、岸顶)标高。

六、园路、广场工程施工图   SIX

园路、广场工程施工图包括平面图、纵断面图和横断面图。园路工程施工图如图 5-47 所示。

园路平面图主要表示园路的平面布置情况,如弯曲半径、纵向坡度、变坡点和路面装饰图案尺寸及相关材料。为了便于施工,通常采用方格网控制园路的平面形状,其轴线编号应与总平面图相符,以示在总图中的位置。

纵断面图主要表示园路的纵断面情况,是指沿园路中心线剖切后展开形成的立面图,它表示园路起伏变化情况及分层构造情况、相关材料、横向坡度与施工要求。

七、种植设计图   SEVEN

园林植物设计是园林设计中重要的内容之一。种植设计图是表示植物位置、种类、数量、规格及种植类型的图样。种植设计图如图 5-48 所示。

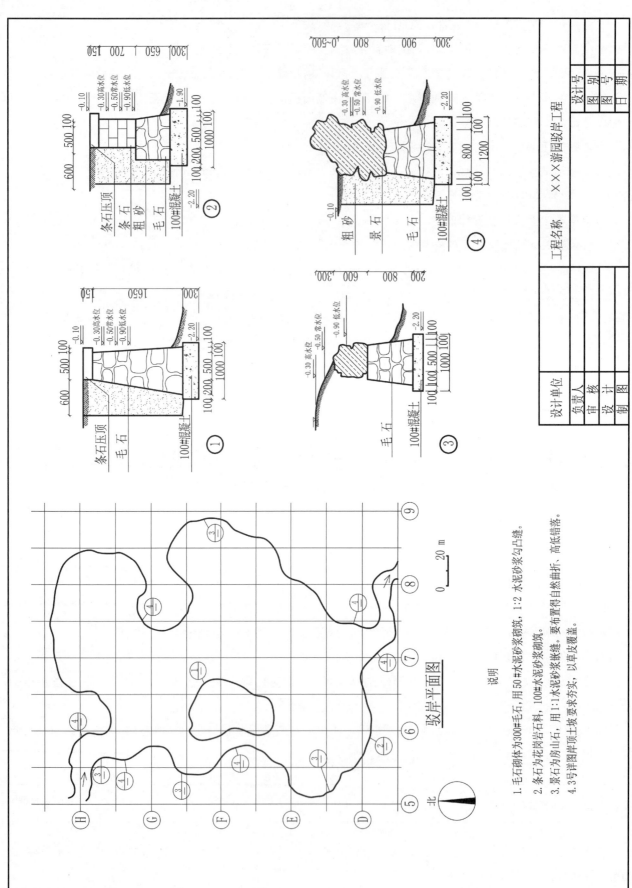

说明

1. 毛石砌体为300#毛石, 用50#水泥砂浆砌筑, 1:2 水泥砂浆勾凸缝。

2. 条石为花岗岩石料, 100#水泥砂浆砌筑。

3. 景石为房山山石, 用1:1水泥砂浆嵌缝。要布置得自然曲折、高低错落。

4. 3号详图岸顶土坡要求夯实, 以草皮覆盖。

图 5-46 驳岸工程施工图

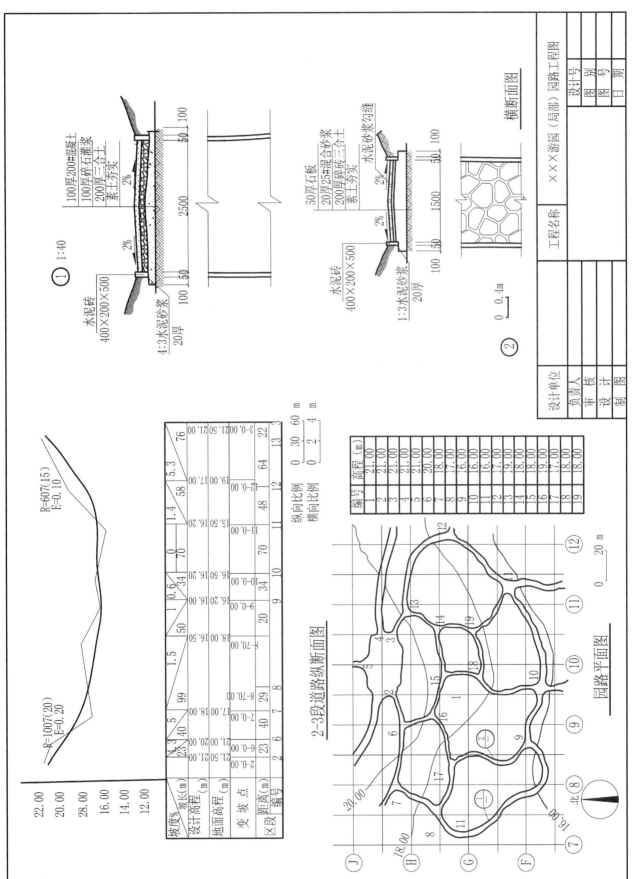

图 5-47 园路工程施工图

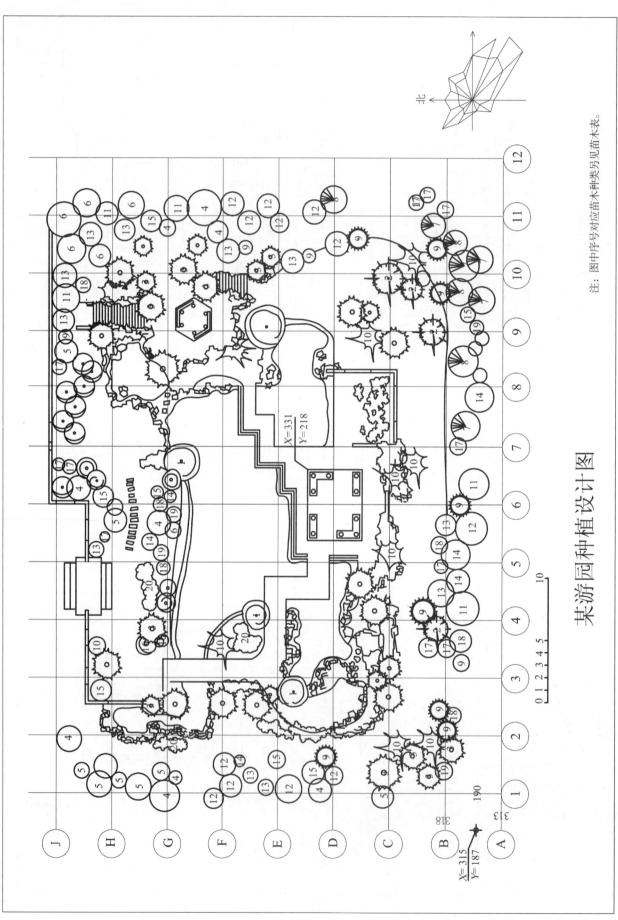

北

注：图中序号对应苗木种类另见苗木表。

某游园种植设计图

图 5-48　种植设计图

1. 种植设计图识读

（1）看图名、指北针、比例、文字说明。

（2）看图中索引编号和苗木统计表。

（3）看植物种植定位尺寸。

（4）看种植设计说明。

2. 绘图方法

（1）根据区域范围及设计内容，确定比例。

（2）绘出定位轴线与坐标网格，确定基准点与基准线。

（3）根据坐标绘出工程平面图。

自然式种植设计：将各种植物按其平面图例绘制在所设计的种植位置上，用圆点表示树干位置，树冠大小按成年后冠幅绘制；同时应将不同树种进行编号，写于树冠内，便于统计和区别。

规则式种植设计：单株或丛植植物用圆点表示种植位置；对蔓生和成片种植植物，用细实线绘制出种植范围，草坪用小圆点表示。同时，应将不同树种进行编号，用索引符号编制，圆圈上半部写植物编号，下半部写植物数量，便于统计和区别。

（4）编制苗木统计表，如表 5-3 所示。

一般需列出植物的编号、树种名称、拉丁文名称、单位、数量、规格、树龄等。

表 5-3　苗木统计表

序号	树　　　种		单位	数量	规格		出圃年龄	备　　注
					干径/cm	高度/m		
1	垂柳	*Salix babylonica*	株	4	5	—	3	—
2	白皮松	*Pinus bungeana*	株	8	8	—	8	—
3	油松	*Pinus tabuliformis*	株	14	8	—	8	—
4	五角枫	—	株	9	4	—	4	—
5	黄栌	—	株	9	4	—	4	—
6	悬铃木	—	株	4	4	—	4	—
7	红皮云杉	—	株	4	8	—	8	—
8	冷杉	—	株	4	10	—	10	—
9	紫杉	—	株	8	6	—	10	—
10	爬地柏	—	株	100	—	1	2	每丛 10 株
11	卫矛	—	株	5	—	1	4	—
12	银杏	—	株	11	5	—	5	—

续表

序号	树　　种		单位	数量	规格		出圃年龄	备　注
					干径/cm	高度/m		
13	紫丁香	—	株	100	—	1	3	每丛10株
14	暴马丁香	—	株	60	—	1	3	每丛10株
15	黄刺玫	—	株	56	—	1	3	每丛8株
16	连翘	—	株	35	—	1	3	每丛7株
17	黄杨	—	株	11	3	—	3	—
18	水蜡	—	株	7	—	1	3	—
19	珍珠花	—	株	84	—	1	3	每丛12株
20	五叶地锦	—	株	122	—	3	3	—
21	结缕草	—	—	200	—	—	—	—

（5）标注定位尺寸。

（6）绘制种植设计详细情况。

（7）注写设计说明，绘制风玫瑰图或指北针、比例、标题栏等。

八、特殊建筑详图　　　　　　　　　　　　　　　　EIGHT

绘制室外设计图时，有时为了更好地表达设计，还会绘制特殊建筑详图。

游园方亭设计图如图5-49、图5-50所示。

第四节　家具设计图的识读与绘制

家具设计图样可采用第一角正投影，必要时也可采用第三角正投影。家具设计图样中的轴测图采用平行斜投影；透视图采用中心投影。

家具设计图主要由家具零部件图、家具节点构造图、家具装配图、家具材料表及轴测图或透视图几部分组成。

当对家具零部件画剖面图时，一般应通过图例或剖面符号来表示零部件的剖切部分材料类别。

常用材料剖面符号如图5-51所示。

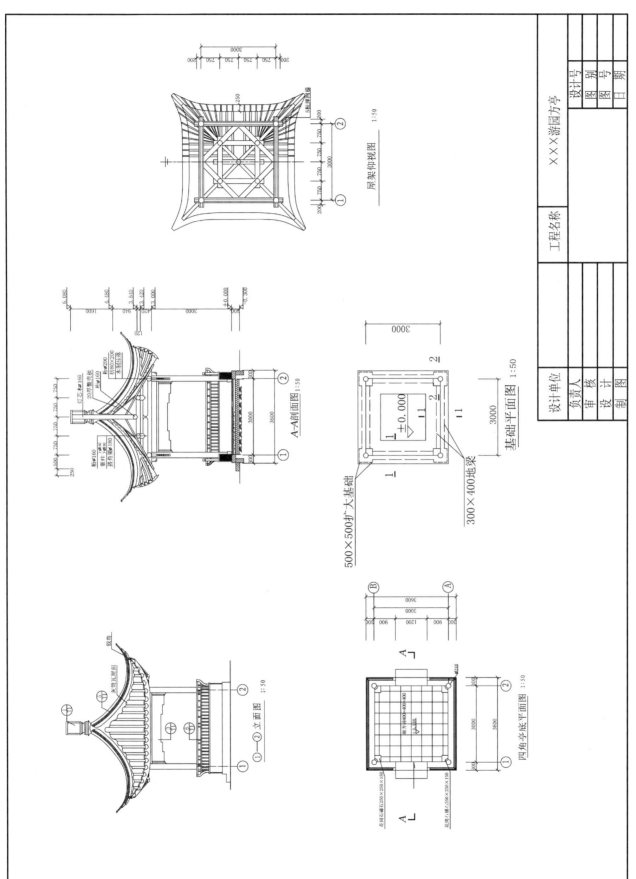

图 5-49　游园方亭设计图1

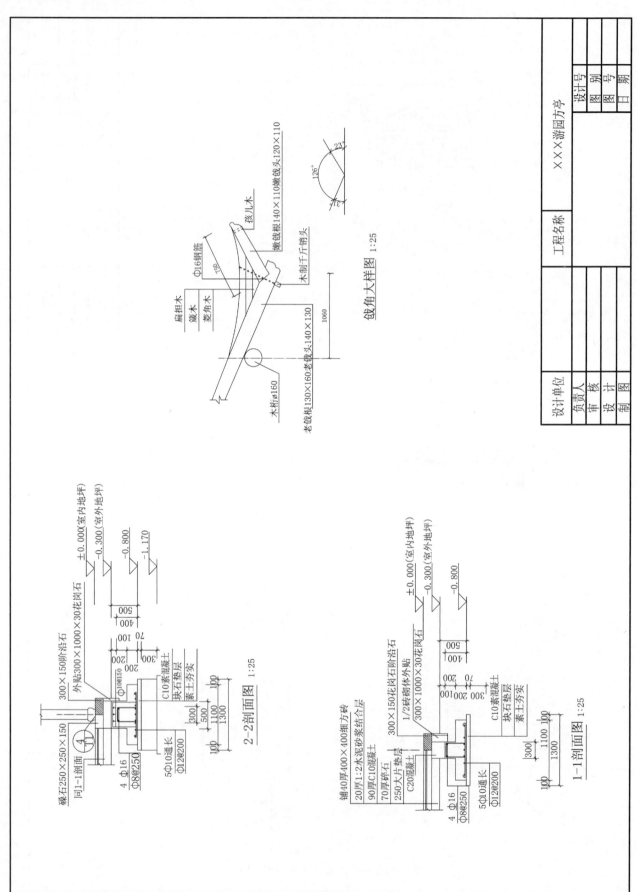

图 5-50　游园方亭设计图2

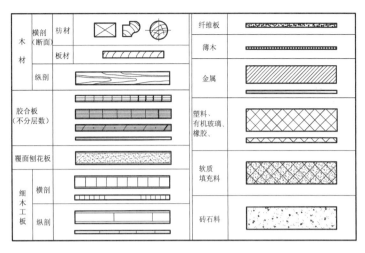

图 5-51　常用材料剖面符号

一、零部件图　　　　　　　　　　　　　　　　　　　　　ONE

家具是具有物质功能和精神功能的常见的工作和生活用品。家具可以根据功能、形式、使用空间、材料、风格和结构形式进行分类,如:支撑类、凭倚类、储存类家具;椅凳类、床榻类家具;家用类、办公类家具;木质类、竹质类家具;古典类、现代类家具;固定类、折叠类家具等。但从识读、绘制家具图样的角度来划分,家具组成的最小单位为零件,如椅子的一只前腿、一个连档,木沙发靠背的一个横档、一个直档等。几个相关零件可以组成为部件,如书桌的抽屉(抽屉由抽屉面板、侧板、后板、底板等几个零件组成)。一件单体家具由若干组零部件装配而成。若干相关单件家具组成套装系列家具。因此,要识读和绘制家具图应从零部件图开始。

家具零件图(横档)如图 5-52 所示,家具部件图(抽屉)如图 5-53 所示。

图 5-52　家具零件图(横档)

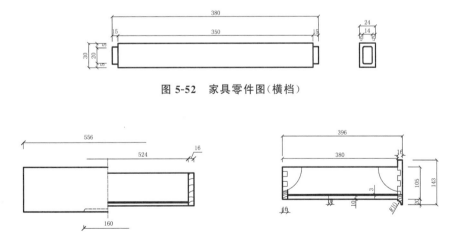

图 5-53　家具部件图(抽屉)

家具零件用正投影视图表现,简单零件一至二个视图就可以完整表达设计意图和加工要求。家具零件图常用的比例为原值比例 1:1,放大比例 2:1、4:1、5:1,缩小比例 1:2、1:5、1:10。必要时放大比例可用 2.5:1,缩

　　小比例可用 1:3、1:4、1:6、1:8、1:15、1:20。

　　家具零件图要有完整的尺寸标注。尺寸标注一律以 mm 为单位,图纸上则不必标出"mm"。尺寸数字一般注在尺寸线中间上方;也可以将尺寸线断开,中间写尺寸数字。圆和大半圆的圆弧均标注直径,直径以符号 ϕ 表示。半圆弧或小于半圆的圆弧均标注半径,半径以 R 表示。球体尺寸则在直径或半径符号前加注 S。尺寸线或其方向应通过圆心,指向圆弧。

　　各类尺寸标注如图 5-54 所示。

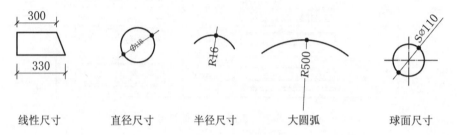

图 5-54　各类尺寸标注

　　不便用圆弧表示的曲线形零件,可在图纸中将该零件用引出线注明"另有 1:1 样板"。若在图上画出,可以用网格坐标确定曲线形状。

　　网格样板图如图 5-55 所示。

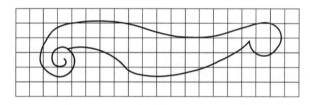

图 5-55　网格样板图

　　需要表示家具零件内部构造时可以采用不同的剖面图表达方式,如图 5-56 所示。

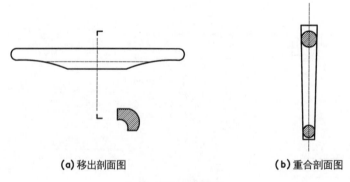

（a）移出剖面图　　　　　　　　（b）重合剖面图

图 5-56　剖面图

　　表示多层结构材料及规格时,可用一次引出线分格标注,分格线为水平线,文字说明次序与层次一致,一般由上到下、由左到右。图 5-57 为分层剖面图。

　　零件表面贴皮等对材料纹理方向有要求时,可用箭头表明材料纹理方向。

　　图 5-58 为材料纹理方向表示。

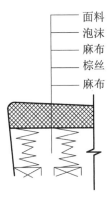

面料
泡沫
麻布
棕丝
麻布

图 5-57　分层剖面图

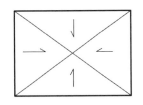

图 5-58　材料纹理方向表示

对于零部件中的一些零件,若大家都熟悉零件的尺寸、构造和相互关系,则不一定需要另外画设计图,只在生产时由技术人员安排生产工艺单即可。如木沙发靠背的横档零件设计图完成后,部件图中的另一部件直档可通过部件视图以及两种零件之间的构造组合关系清晰地表达,所以不需要另外单独出图。

二、节点构造图　　　　　　　　　　　　　　　　　　　TWO

单件家具是若干家具零部件连接组成的。若干个零件组成一个部件,部件的连接结合部位称为节点。节点的结合关系图即为节点构造图。部件的结合方法有榫结合、胶结合、螺栓螺钉结合、五金连接件结合等方式。

(1)在表示榫头端面时,榫头端面均需涂成淡墨色,以显示榫头端面形状、类型和大小。同一榫头有长有短时,只涂长的端部。

双榫结合端面表示如图 5-59 所示。

(2)榫头端面除了涂色表示外,亦可用一组不少于三条的细实线表示。榫端面细实线应画成平行于长边的长线。

榫端面表示如图 5-60 所示。

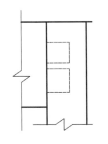
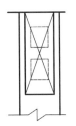

图 5-59　双榫结合端面表示　　　　　　　图 5-60　榫端面表示

用涂色或画细实线法表示榫头端面时,木材剖面中则尽可能用相交细实线,不用纹理表示,以保证图形清晰。

(3)可拆连接用定位木销可按图 5-61 所示画法表示,以与榫结合区别。其中两相互垂直的细实线与零件主要轮廓线成 45°角倾斜。

(4)连接件在基本视图上一般可用细实线表示其位置,用引出线注明名称、规格或代号。连接件在基本视图上的表示如图 5-62 所示。

图 5-61　可拆连接用定位木销

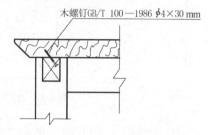

图 5-62　连接件在基本视图上的表示

（5）用圆钉、木螺钉、自攻螺钉、螺栓等连接时,应该注明规格和代号。

（6）部分可拆装连接可按简画法表示,如图 5-63 所示,必要时注明名称代号和规格。

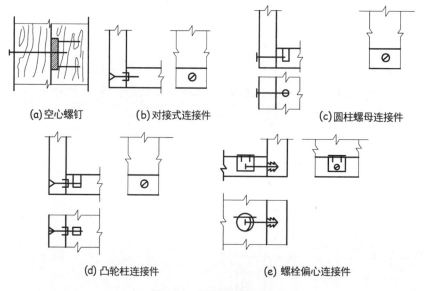

(a)空心螺钉　　(b)对接式连接件　　　(c)圆柱螺母连接件

(d) 凸轮柱连接件　　　(e) 螺栓偏心连接件

图 5-63　可拆装连接简画法

（7）杯状暗铰链可按其外形简化图示。杯状暗铰链简画法如图 5-64 所示。

三、装配图 THREE

单件家具的装配图应该有两种含义。一种是零部件装配过程顺序图,即先将几个零件组合成一个部件,再将几个零部件组成一个更大的部件,直至整件家具组装完成。另外一种装配图实质上就是对单件家具的不同部件部位和构造以平、立、剖面图来综合表示,包括家具外观的透视图和轴测图在内,为一整套图。图 5-65 所示为椅子装配图和机架装配图。

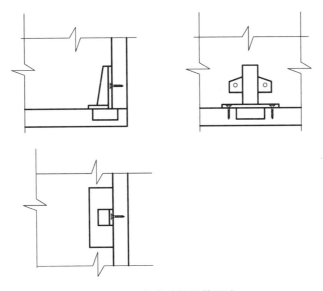

图 5-64　杯状暗铰链简画法

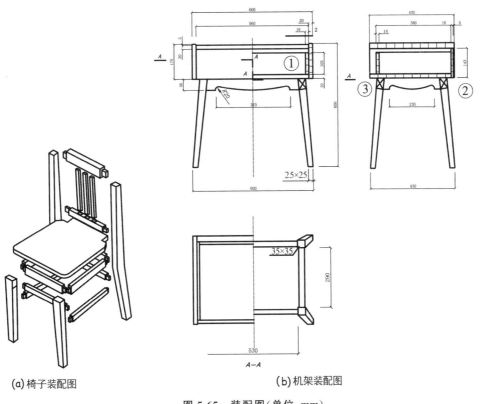

(a)椅子装配图　　　　　　　　　　　(b)机架装配图

图 5-65　装配图（单位：mm）

四、材料表

FOUR

家具设计图中往往附有材料表。

材料表可以在零部件图中出现，也可在总装配图中出现。家具材料通常包括家具本身完成后的构成材料，如木材、五金件等，以及为完成家具的生产过程所消耗的材料，如砂纸、毛刷等。一般材料明细表中只列出家具构成材料。

常见材料表样式见表 5-4。

表 5-4　常见材料表样式

序号	代号	名称	数量	材料	规格/(mm×mm×mm)	备注
1	—	腿	4	—	436×35×35	—
2	—	前、后望板	2	—	520×55×20	—
3	—	左、右旁板	2	—	430×170×20	—
4	—	面板	1	—	560×425×20	—
5	—	抽屉面板	1	—	556×143×16	—
6	—	抽屉堵头	1	—	524×105×16	—
7	—	后背板	1	—	574×140×3	—
8	—	抽屉旁板	2	—	380×105×16	—
9	—	抽屉底板	1	—	534×375×3	—
10	—	底板	1	—	560×409×20	—
11	—	左、右侧望板	2	—	350×55×20	—

第六章

CAD 制图 ◄◄◄◄

第一节 CAD 简介

AutoCAD 是 Autodesk 公司推出的专门用于计算机辅助设计的软件。它提供了一个直观的、可人机对话的绘图平台。在这个交互平台上,用户可以十分直观快捷地绘制和编辑图形来完成设计工作。

何谓 AutoCAD? Auto 即 automation(自动化),CAD 是英语 computer aided design 的简称,即计算机辅助设计,是指利用计算机及其图形设备帮助设计人员进行设计。在工程和产品设计领域,计算机可以帮助设计人员完成计算、信息存储和制图等各项工作。早期的计算机辅助设计系统是在大型机、超级小型机上开发的,无论是操作复杂度还是资金需求量都较大,不是个人所能承受的。到 20 世纪 80 年代,微型计算机的迅速发展,使计算机辅助工程设计逐渐成为现实。计算机绘图是通过计算机辅助绘图软件将图形显示在屏幕上,用户可以用光标对图形直接进行编辑和修改。微型计算机配上图形输入和输出设备(如键盘、打印机、绘图仪等)及计算机绘图软件,就组成了一套计算机辅助绘图系统。

一、CAD 常用绘图命令　　　　　　　　　　　　　　　　　　　　　ONE

1. 直线命令

启用命令的方法如下。

方法一:单击 ╱ 图标。

方法二:输入快捷命令"L"。

方法三:单击菜单中的"绘图"—"直线"。

操作:绘制一条长度为 500 mm 的直线。步骤如下。

(1) 按以上三种方法中的任意一种,激活直线命令。

(2) 单击绘图区中任意一点。

(3) 通过鼠标控制直线的方向,同时用键盘输入"500"。

(4) 按两次回车键或空格键,完成操作。

小提示:如果想画水平或垂直的直线,可以按下"F8"键(打开正交命令);画完之后如果想绘制斜线,再按下"F8"键(关闭正交命令)。

2. 射线命令

启用命令的方法如下。

方法一:单击 ✎ 图标。

方法二:输入快捷命令"RAY"。

方法三:单击菜单中的"绘图"—"射线"。

操作:绘制一条任意方向的射线。步骤如下。

(1) 按以上三种方法中的任意一种,激活射线命令。

(2) 单击绘图区中任意一点。

(3) 确定好射线方向后,点击鼠标左键一下。

(4) 按回车键或空格键一次,完成操作。

3. 多段线命令

启用命令方法如下。

方法一:单击 ⤵ 图标。

方法二:输入快捷命令"PL"。

方法三:单击菜单中的"绘图"—"多段线"。

操作:绘制一条宽度为 20 mm、长度为 500 mm 的多段线。步骤如下。

(1) 按以上三种方法中的任意一种,激活多段线命令。

(2) 单击绘图区中任意一点。

(3) 输入"H",设置多段线的半宽,按回车键或空格键一次。

(4) 键盘输入"10",按回车键或空格键一次。

(5) 再一次输入"10",按回车键或空格键一次。

(6) 通过鼠标控制多段线的方向,同时在键盘上输入"500"。

(7) 按回车键或空格键一次,完成操作。

4. 正多边形命令

启用命令方法如下。

方法一:单击 ⬠ 图标。

方法二:输入快捷命令"POL"。

方法三:单击菜单中的"绘图"—"多边形"。

操作:绘制一个外接圆直径为 60 mm 的正八边形。步骤如下。

(1) 按以上三种方法中的任意一种,激活正多边形命令。

(2) 单击绘图区中任意一点。

(3) 键盘输入"8",按回车键或空格键一次。

(4) 单击绘图区中任意一点。

(5) 按回车键或空格键一次。

(6) 输入"60"。

(7) 按回车键或空格键一次,完成操作。

5. 矩形命令

启用命令方法如下。

方法一:单击"矩形"图标。

方法二:输入快捷命令"REC"。

方法三:单击菜单中的"绘图"—"矩形"。

操作:绘制一个长为 50 mm、宽为 60 mm 的矩形。步骤如下。

(1) 按以上三种方法中的任意一种,激活矩形命令。

(2) 单击绘图区中任意一点。

(3) 键盘输入"@50,60"。

(4) 按回车键或空格键一次,完成操作。

6. 圆命令

启用命令方法如下。

方法一:单击"圆"图标。

方法二:输入快捷命令"C"。

方法三:单击菜单中的"绘图"—"圆"。

操作:绘制一个半径为 60 mm 的圆。步骤如下。

(1) 按以上三种方法中的任意一种,激活圆命令。

(2) 单击绘图区中任意一点,确定圆心。

(3) 键盘输入"60"。

(4) 按回车键或空格键一次,完成操作。

7. 样条曲线命令

启用命令方法如下。

方法一:单击 ∿ 图标。

方法二:输入快捷命令"SPL"。

方法三:单击菜单中的"绘图"—"样条曲线"。

操作:用样条曲线命令画一个 S 形曲线。步骤如下。

(1) 按以上三种方法中的任意一种,激活样条曲线命令。

(2) 单击绘图区中任意一点,确定起点。

(3) 按 S 形的轮廓连续单击三次。

(4) 按空格键三下,完成操作。

小提示:画好样条曲线的关键是找好控制点。

8. 椭圆命令

启用命令方法如下。

方法一:单击 ◯ 图标。

方法二:输入快捷命令"EL"。

方法三:单击菜单中的"绘图"—"椭圆"。

操作:绘制一个长径为 80 mm、短径为 40 mm 的椭圆。步骤如下。

(1) 按以上三种方法中的任意一种,激活椭圆命令。

(2) 单击绘图区中任意一点,确定椭圆长径的起点。

(3) 用鼠标控制方向,键盘输入"80",按回车键或空格键一次,完成长径的设置。

(4) 用鼠标控制方向,键盘输入"20"。

(5) 按回车键或空格键一次,完成操作。

小提示:椭圆有长径和短径,在 CAD 的操作中,输入长径值时输入的是实长,输入短径值时输入的是实长的一半。如上例,该椭圆的长径实长为 80 mm,输入"80";短径实长为 40 mm,输入"20"。

9. 块命令

启用命令方法如下。

方法一:单击 ▭ 图标。

方法二:输入快捷命令"B"。

方法三:单击菜单中的"绘图"—"块"—"创建"。

操作:绘制一个方套圆的图形,将其创建成一个块。步骤如下。

(1) 绘制好图形后,按以上三种方法中的任意一种,激活块命令。

(2) 在弹出的块定义对话框中名称栏里输入"圆方",对所绘制的块进行命名。

(3) 单击"拾取点"左边的图标,在圆心处单击一下。

(4) 单击"选择"命令左边的图标,将圆形和方形选中。

(5) 按回车键或空格键一次,再次回到块定义对话框。

(6) 单击"确定"按钮,完成操作。

小提示:再次单击图形时会发现圆形和方形已经变成一个块了。

10. 插入块命令

启用命令方法如下。

方法一:单击 ▭ 图标。

方法二:输入快捷命令"I"。

操作:插入上面的设置好的"圆方"块。步骤如下。

(1) 按以上两种方法中的任意一种,激活插入块命令。

(2) 在弹出的插入块对话框中名称栏里输入"圆方"。

(3) 单击"确定"按钮。

(4) 在绘图区将出现的块移到相关位置,单击,完成操作。

11. 点命令

启用命令方法如下。

方法一:单击 ▪ 图标。

方法二:输入快捷命令"PO"。

方法三:单击菜单中的"绘图"—"点"。

操作:绘制一个斜十字交叉点。步骤如下。

(1) 单击菜单中"格式"—"点样式"。

(2) 在弹出的点样式对话框中点选斜十字交叉点图案。

(3) 点大小采用默认值 5。

(4) 单击"确定"按钮,完成操作。

(5) 按以上三种方法中的任意一种,激活点命令。

（6）在绘图区任意一点单击。

（7）按回车键或空格键一次，完成操作。

小提示：在点样式对话框中图案的选择是非常直观的，AutoCAD软件给出了多种不同的点样式，可以根据实际需要直接在图案上点选，选中的样式呈黑色。"点大小"中的数值设定则决定了点在图纸中的大小，数值越大则点越大，反之则越小。

12. 填充命令

启用命令方法如下。

方法一：单击 ▨ 图标。

方法二：输入快捷命令"H"。

方法三：单击菜单中的"绘图"—"图案填充"。

操作：填充一个 400 mm×400 mm 的正方形。步骤如下。

（1）绘制一个 400 mm×400 mm 的正方形。

（2）按以上三种方法中的任意一种，激活图案填充命令。

（3）在弹出的边界图案填充对话框中选择图案填充。

（4）点选样例栏中的图案。

（5）在弹出的填充图案选项板对话框中选择名称为 AR-B186 的图案。

（6）单击对话框右侧的拾取点命令按钮。

（7）回到绘图区，在绘制的正方形中单击，如正方形变成虚线形态，则表示范围已被选中。

（8）按下空格键，回到边界图案填充对话框。

（9）单击"预览"命令按钮，可以看到图案已经填充进去了。

（10）按下空格键，回到边界图案填充对话框。

（11）单击"确定"按钮，完成操作。

小提示：在边界图案填充对话框中对图案大小和角度进行修改是非常直观和方便的，可以根据实际需要在边界图案填充对话框中的角度和比例栏中进行精确的数值设定。可以在这个实例的基础上将角度设置为 45°，比例设置为 0.5，做完后对比一下两种不同设置所出现的不同效果。

13. 多行文字命令

启用命令方法如下。

方法一：单击 **A** 图标。

方法二：输入快捷命令"T"。

方法三：单击菜单中的"绘图"—"文字"—"多行文字"。

操作：输入内容为"AutoCAD2004"的一段文字。

（1）按以上三种方法中的任意一种，激活多行文字命令。

（2）在绘图区单击，确定文字的起始位置。

（3）再次单击，确定文字的结束位置。

（4）在弹出的文字格式对话框中设置文字大小。默认值"2.5"处是决定文字大小的选项，想要多大的字就在上面输入相应的数值。这里设为"50"。

（5）设好文字大小数值后，用键盘输入"AutoCAD2004"。

（6）单击"确定"按钮，完成操作。

二、CAD 常用修改命令　　　　　　　　　　　　　　TWO

1. 删除命令

启用命令方法如下。

方法一：单击　图标。

方法二：输入快捷命令"E"。

方法三：单击菜单中的"修改"—"删除"。

操作：删除一个图形。步骤如下。

（1）在绘图区绘制一个任意大小、形状的图形。

（2）按以上三种方法中的任意一种，激活删除命令。

（3）待鼠标指针变成方块后点中或框中刚才绘制的图形（图形变成虚线表示已选中，反之，则未被选中）。

（4）按回车键或空格键一次，完成操作。

2. 复制命令

启用命令方法如下。

方法一：单击　图标。

方法二：输入快捷命令"CO"。

方法三：单击菜单中的"修改"—"复制"。

操作：复制一个图形。步骤如下。

（1）在绘图区绘制一个任意大小、形状的图形。

（2）按以上三种方法中的任意一种，激活复制命令。

（3）待鼠标指针变成方块后点中或框中刚才绘制的图形（图形变成虚线表示已选中，反之，则未被选中）。

（4）按回车键或空格键一次，完成操作。

3. 镜像命令

启用命令方法如下。

方法一：单击　图标。

方法二：输入快捷命令"MI"。

方法三：单击菜单中的"修改"—"镜像"。

操作：镜像处理一个图形。步骤如下。

（1）在绘图区绘制一个任意大小、形状的图形。

（2）按以上三种方法中的任意一种，激活镜像命令。

（3）待鼠标指针变成方块后点中或框中刚才绘制的图形（图形变成虚线表示已选中，反之，则未被选中）。

（4）按回车键或空格键一次。

（5）待鼠标指针变成十字后单击第一个点（这个点决定了原图形与镜像出的图形间的距离）。

（6）单击第二个点（这个点决定了原图形与镜像出的图形的相对方向）。

（7）完成操作。

小提示:如果要使复制出的物体图形形状相同、方向相反,那么就可以使用镜像命令。镜像命令经常用来作对称的图形。

4. 偏移命令

启用命令方法如下。

方法一:单击 ⛁ 图标。

方法二:输入快捷命令"O"。

方法三:单击菜单中的"修改"—"偏移"。

操作:绘制一个内径为 300 mm、外径为 400 mm 的圆环。步骤如下。

(1) 在绘图区绘制一个半径为 200 mm 的圆形。

(2) 按以上三种方法中的任意一种,激活偏移命令。

(3) 输入偏移数值"50",按空格键一次。

(4) 待鼠标指针变成方块后单击之前所作的圆形(圆形变成虚线表示已选中,反之,则未被选中)。

(5) 待鼠标指针变成十字后在圆内单击(这一步是用来控制偏移出的新图形的方向。如果在圆内单击,则偏移出来的图形在圆内,新圆的直径大小为 300 mm;如果在圆外单击,则偏移出来的图形在圆外,新圆的直径大小为 500 mm)。

(6) 按空格键一次,完成操作。

小提示:偏移命令多用来进行精确定位,例如作好轴线后,分别向两边偏移 120 mm,就可以精确地作出 240 mm 厚的墙体。

5. 阵列命令

启用命令方法如下。

方法一:单击 ⊞ 图标。

方法二:输入快捷命令"AR"。

方法三:单击菜单中的"修改"—"阵列"。

操作 1:绘制一个 400 mm×400 mm 的方形,复制形成 4 行 5 列的矩阵,行间距为 500 mm,列间距为 600 mm。步骤如下。

(1) 在绘图区绘制一个 400 mm×400 mm 的方形。

(2) 按以上三种方法中的任意一种,激活阵列命令。

(3) 在弹出的阵列对话框中,勾选矩形阵列栏。

(4) 根据要求,将行设为 4,列设为 5(在右侧的图形栏中可以预览)。

(5) 在行偏移栏中输入"900",列偏移栏中输入"1000"(在 CAD 中,行、列间距设置时输入的是由图形自身在阵列方向上的宽度加上阵列中图形的间距的值。行向上或列向右,输入正值;反之则输入负值)。

(6) 单击"选择对象"栏前的图标,进入绘图区,选中绘好的图形(图形变成虚线表示已选中,反之,则未被选中),按空格键一次,回到阵列对话框。

(7) 单击"确定"按钮,完成操作。

操作 2:绘制一个半径为 400 mm 的圆和一个半径为 200 mm 的圆,将四个小圆围绕大圆成环形阵列。步骤如下。

(1) 在绘图区绘制一个半径为 400 mm 的圆、一个半径为 200 mm 的圆,将小圆放在大圆外 12 点钟的位置。

（2）按住 Shift 键，单击鼠标右键，在弹出的菜单栏中选择对象捕捉设置。

（3）在弹出的草图设置对话框中选中对象捕捉设置栏，勾选"启用对象捕捉"选项。

（4）在对象捕捉模式栏中单击"全部选择"按钮。

（5）在弹出的阵列对话框中，勾选环形阵列栏，单击"确定"按钮，完成捕捉设置。

（6）按以上三种方法中的任意一种，激活阵列命令。

（7）在弹出的阵列对话框中，勾选环形阵列栏。

（8）单击"选择对象"旁的图标。

（9）进入绘图区，将绘制的小圆选中（图形变成虚线表示已选中，反之，则未被选中），按空格键一次，回到阵列对话框。

（10）在项目总数栏中填入数值"4"，填充角度为 360°。

（11）单击"确定"按钮，完成操作。

6. 移动命令

启用命令方法如下。

方法一：单击 ✛ 图标。

方法二：输入快捷命令"M"。

方法三：单击菜单中的"修改"—"移动"。

操作：移动一个 400 mm×400 mm 的方形。步骤如下。

（1）绘制一个 400 mm×400 mm 的方形。

（2）按以上三种方法中的任意一种，激活移动命令。

（3）选中刚才绘制好的图形（图形变成虚线表示已选中，反之，则未被选中）。

（4）按空格键一次，鼠标指针变成十字。

（5）单击绘图区一下，给出移动的起始点。再单击绘图区一下，给出移动的终点（也可以用鼠标确定方向，给出要移动的距离的精确数值）。

（6）按空格键一次完成操作。

7. 旋转命令

启用命令方法如下。

方法一：单击 ↻ 图标。

方法二：输入快捷命令"RO"。

方法三：单击菜单中的"修改"—"旋转"。

操作：将一个 400 mm×400 mm 的方形旋转 45°。步骤如下。

（1）绘制一个 400 mm×400 mm 的方形。

（2）按以上三种方法中的任意一种，激活旋转命令。

（3）选中刚才绘制好的图形（图形变成虚线表示已选中，反之，则未被选中）。

（4）按空格键，鼠标指针变成十字。

（5）单击绘图区一下，给出旋转的中心点。

（6）给出要旋转的角度的精确数值，这里输入"45"。

（7）按空格键一次,完成操作。

8. 缩放命令

启用命令方法如下。

方法一:单击 ⬜ 图标。

方法二:输入快捷命令"SC"。

方法三:单击菜单中的"修改"—"缩放"。

操作:将一个 400 mm×400 mm 的方形放大 2 倍。步骤如下。

（1）绘制一个 400 mm×400 mm 的方形。

（2）按以上三种方法中的任意一种,激活缩放命令。

（3）选中刚才绘制好的图形（图形变成虚线表示已选中,反之,则未被选中）。

（4）按空格键一次,鼠标指针变成十字。

（5）单击绘图区一下,给出缩放的中心点。

（6）给出要缩放的倍数的精确数值"2"。

（7）按空格键一次,完成操作。

小提示:在缩放命令中,放大原图形输入大于 1 的数值,缩小原图形则输入大于 0 小于 1 的数值。如要将上例中的图形缩小 50%,不能输入"−2",应输入数值"0.5"。可以在实际的操作中多体会一下。

9. 拉伸命令

启用命令方法如下。

方法一:单击 ⬜ 图标。

方法二:输入快捷命令"S"。

方法三:单击菜单中的"修改"—"拉伸"。

操作:将一个 400 mm×400 mm 的方形拉长。步骤如下。

（1）绘制一个 400 mm×400 mm 的方形。

（2）按以上三种方法中的任意一种,激活拉伸命令。

（3）用鼠标从右向左框选中刚才绘制好的图形（图形变成虚线表示已选中,反之,则被选中）。

（4）按空格键一次,鼠标指针变成十字。

（5）单击绘图区中的图形,给出缩放的基点。

（6）控制鼠标的方向,进行拉伸操作。

（7）确定好要拉伸到的位置后,单击鼠标完成操作。

小提示:在拉伸命令中,最大的问题就是选择的方式,只能用从右向左的交叉窗口模式来选择物体。只有用这种模式选中的物体才能拉伸,点选或从左向右框选窗口模式选中的物体无法拉伸。

10. 修剪命令

启用命令方法如下。

方法一:单击 ⌁ 图标。

方法二:输入快捷命令"TR"。

方法三:单击菜单中的"修改"—"修剪"。

操作:将两根成十字交叉的直线修剪成 ▔▏形。步骤如下。

(1)绘制一根水平直线和一根垂直直线,将两根线进行十字交叉。

(2)按以上三种方法中的任意一种,激活修剪命令。

(3)用鼠标从左向右框选中刚才绘制好的图形(图形变成虚线表示已选中,反之,则未被选中),将两根线都选中。

(4)按空格键一次。

(5)单击竖直直线的上端。

(6)单击水平直线的右端。

(7)按空格键一次,完成操作。

11. 延伸命令

启用命令方法如下。

方法一:单击 --/ 图标。

方法二:输入快捷命令"EX"。

方法三:单击菜单中的"修改"—"延伸"。

操作:将一根水平线延伸到其右边不与其相交的一根垂直线处。步骤如下。

(1)绘制一根水平直线和一根垂直直线,两根线之间保留一定距离。

(2)按以上三种方法中的任意一种,激活延伸命令。

(3)用鼠标选中刚才绘制好的垂直直线(图形变成虚线表示已选中,反之,则未被选中)。

(4)按空格键一次。

(5)单击水平线靠近垂直线的部分,将水平线延伸到垂直线处。

(6)按空格键一次,完成操作。

12. 圆角命令

启用命令方法如下。

方法一:单击 ◠ 图标。

方法二:输入快捷命令"F"。

方法三:单击菜单中的"修改"—"圆角"。

操作:将两根成十字交叉的直线用圆角命令处理成 ▔▏形。

(1)绘制一根水平直线和一根垂直直线,将两根线进行十字交叉。

(2)按以上三种方法中的任意一种,激活圆角命令。

(3)输入字母R,按空格键一次。

(4)输入数值0,按空格键一次。

(5)单击水平直线的左半部分。

(6)单击竖直直线的下半部分,完成操作。

13. 分解命令

启用命令方法如下。

方法一:单击 ▨ 图标。

方法二：输入快捷命令"X"。

方法三：单击菜单中的"修改"—"分解"。

操作：将一个矩形分解成四根直线。步骤如下。

（1）绘制一个任意大小的矩形。

（2）按以上三种方法中的任意一种，激活分解命令。

（3）单击选中绘制好的矩形（图形变成虚线表示已选中，反之，则未被选中）。

（4）按空格键一次，完成操作。

小提示：在分解命令中，被分解的图形在分解后还是以原轮廓的形式存在，这时单击分解后的图形，能够看到只能选中原来图形的一部分，而不是分解前的全部图形。分解命令在导入块后对块图形的轮廓进行局部修改时会经常用到。

第二节　实例操作：某小区两室一厅住宅的室内设计

通过前面对常用基础命令和修改命令的学习，我们对 CAD 这个软件有了初步的认识。在这个基础上，可进行工程实例的学习，将这些命令进行运用，完成某小区两室一厅住宅的室内设计。

一、图层的设置　　　　　　　　　　　　　　　　　　　　　　　　　　ONE

图层就是一张透明的图纸，在这张图纸上进行绘图。

（1）输入字母 LA，激活图层设置命令，打开图层特性管理器。

（2）在图层特性管理器对话框中，点选新建命令创建一个新图层。

（3）在图层特性管理器对话框中，点选新建图形的名称进行名称的修改，将默认的图层 1 名称改为"墙"。

（4）在图层特性管理器对话框中，点选新建图形的颜色进行颜色的修改，将默认的白色改为蓝色（146）。

（5）在图层特性管理器对话框中，点选新建图形的线宽进行线宽的修改，将默认的线宽改为 0.2 mm。

（6）在图层特性管理器对话框中，新建一个名为"轴线"的图层，并对轴线层的线型进行修改，将默认的直线修改为名为 ACAD_ISO04W100 的点画线。

（7）在图层特性管理器对话框中，将新建的轴线图层置为当前层。

（8）全部设置完成。

二、轴线及墙体的绘制　　　　　　　　　　　　　　　　　　　　　　　TWO

（1）绘制一条长 10 000 mm 的直线，如图 6-1 所示。

这时会发现直线的长度超出了绘图区。让直线在绘图区全部显示出来的方法是：输入字母 Z，按空格键，再次输入字母 A，按空格键。完成操作后，直线全部在绘图区显示出来，如图 6-2 所示。

在制图规范中，轴线是以点画线的形式出现的，在轴线图层中，也已将该层的线型设置为点画线，而此时直线还是以实线的形式出现在绘图区，这是因为显示比例不合适，将比例调整一下，问题就解决了。输入字母 LT，弹出线型管理器对话框，选中所要的线型，单击"显示细节"按钮（单击后变为"隐藏细节"），将全局比例因子栏中的数值设为 15，如图 6-3 所示，单击"确定"按钮后退出，就可以看到想要的点画线的效果了。

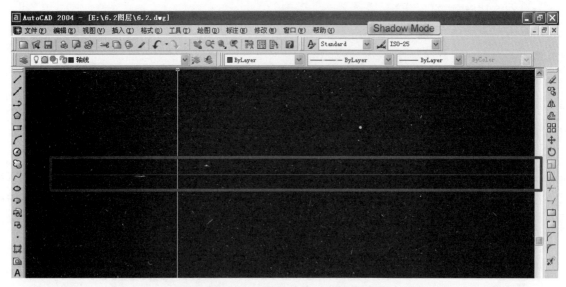

图 6-1　绘制一条长 10 000 mm 的直线

图 6-2　直线在绘画区显示出来

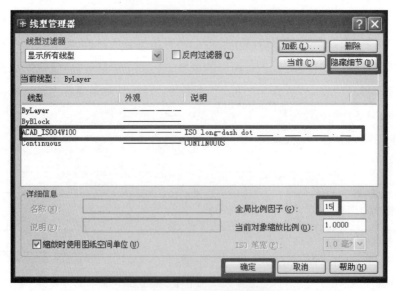

图 6-3　线型管理器对话框操作

（2）使用移动命令将轴线移至绘图区的上方，再使用偏移命令，依次将轴线向下偏移 3 600 mm、4 000 mm、1 500 mm 和 600 mm，如图 6-4 所示。

（3）使用直线命令绘制一条连接第一条水平轴线和最后一条水平轴线的垂直轴线，再使用偏移命令，依次将轴线向右偏移 3 200 mm、3 600 mm、3 600 mm，如图 6-5 所示。

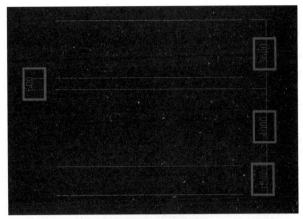

图 6-4　水平轴线偏移

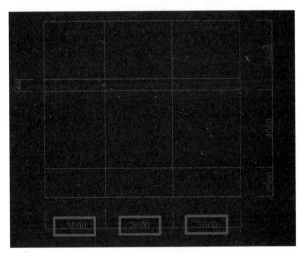

图 6-5　偏移垂直轴线

（4）输入字母 LA，激活图层设置命令，打开图层特性管理器对话框，将墙图层设为当前层，如图 6-6 所示。

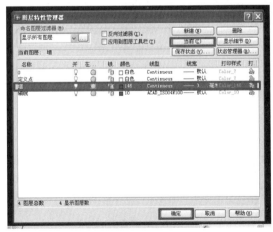

图 6-6　设置图层

（5）输入字母 TR，激活修剪命令，将轴线修剪成图 6-7 所示的形状。

（6）输入字母 TR，激活修剪命令，将轴线继续修剪成图 6-8 所示的形状。

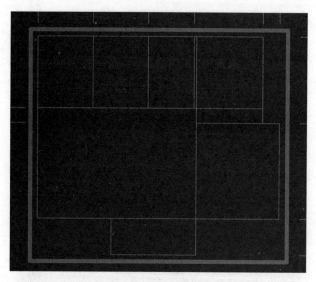

图 6-7　修剪线条 1

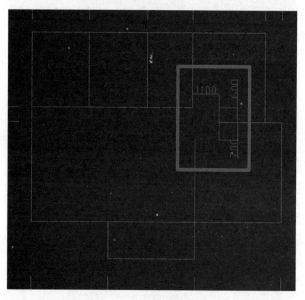

图 6-8　修剪线条 2

　　（7）输入字母 ML，激活多线命令，再输入字母 S，按空格键，输入数值 240（墙厚），输入字母 J，输入字母 Z（设为居中模式），如图 6-9 所示。CAD 中输入命令时英文字母不区分大小写。

图 6-9　设置模式

　　（8）将设置好的多线沿着绘好的轴线描一遍，结果如图 6-10 所示。

　　（9）使用分解命令将墙体多线炸开，再使用修剪命令将冒头的线修剪掉，至此墙体绘制完毕。将轴线层隐藏，结果如图 6-11 所示。

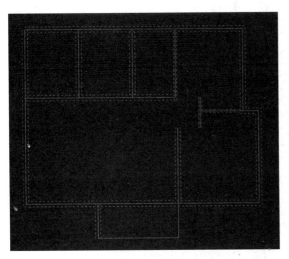

图 6-10　描线结果

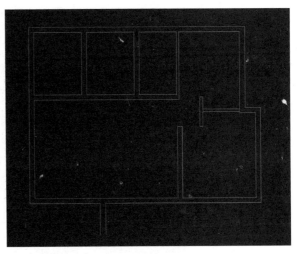

图 6-11　绘制完墙体并隐藏轴线层结果

三、平面布置的绘制　　　　　　　　　　　　　　　THREE

（1）绘制一个宽为 900 mm 的门洞，先将内侧墙向内偏移 80 mm，再将偏移出的线向内偏移 900 mm，使用延伸命令，将偏移出的两根线延伸到外墙，使用修剪命令，修剪出门洞，如图 6-12 所示。

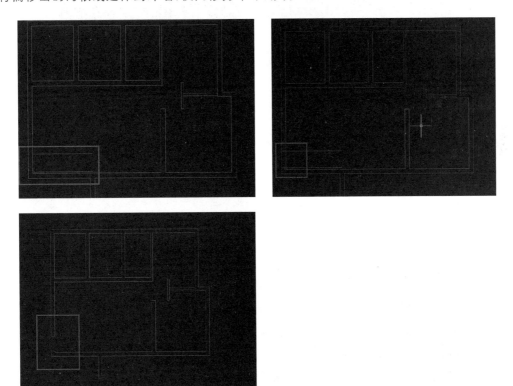

图 6-12　绘制门洞

（2）绘制门。输入字母 REC，激活矩形命令，画出一个长为 900 mm、宽为 40 mm 的门扇，使用移动命令，将门移至内墙中心处。结果如图 6-13 所示。

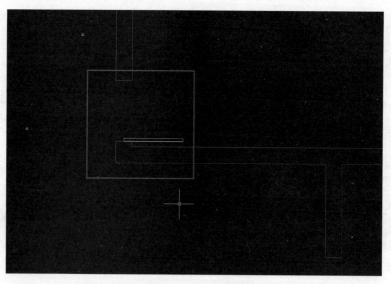

图 6-13　绘制门的结果

（3）绘制门轨迹。输入字母 C,激活圆命令,以门与内墙的交点为圆心、以门洞间距为半径画圆。输入字母 TR,激活修剪命令,对圆进行修剪,如图 6-14 所示。

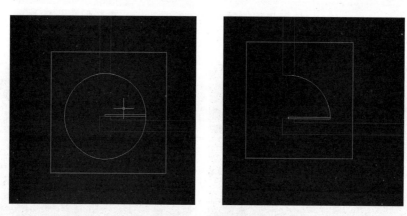

图 6-14　绘制门轨迹

（4）绘制窗。窗洞的绘制参考门洞的绘制方法,窗的正投影是四根相互平行的水平或垂直的直线。先绘出窗洞的中心线,再以中心线为起始线,向两边依次偏移 60 mm 和 120 mm,最后用删除命令,删除掉窗洞的中心线,如图 6-15 所示。

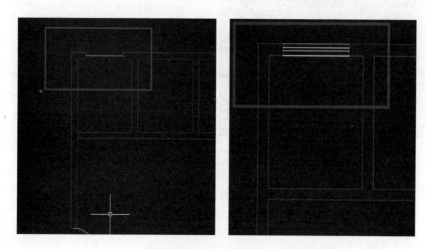

图 6-15　绘制窗

（5）运用以上方法，绘出所有的门窗，结果如图 6-16 所示。

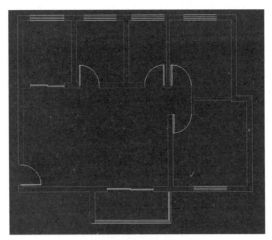

图 6-16　绘制所有门窗

（6）放置客厅家具图例。从网上下载 CAD 图库后，打开图库，单击鼠标左键选中所要调用的 CAD 图形，使用键盘"Ctrl＋C"（复制命令），对图形进行复制，再切回到本操作界面，使用键盘"Ctrl＋V"（粘贴命令），结果如图 6-17 所示。

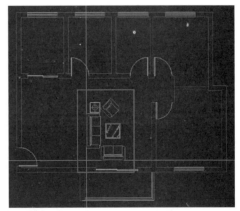

图 6-17　放置客厅家具图例

（7）放置其他家具图例。根据需要，运用上步的方法，对家具依次进行布置，完成平面布置的绘制，结果如图 6-18 所示。

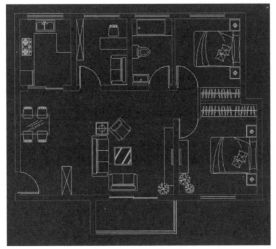

图 6-18　完成平面布置绘制

四、尺寸线的设置及绘制   FOUR

    在建筑制图中尺寸标注由四部分组成,分别是尺寸线、尺寸界线、尺寸起止点和尺寸数字。在进行最终的尺寸线绘制前,先对尺寸线进行设置。

    (1)输入字母 D,激活标注样式管理器,如图 6-19 所示,点击"修改"按钮。

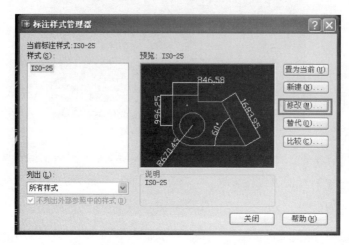

图 6-19 标注样式管理器

    (2)在弹出的修改标注样式对话框中,选择"主单位"栏,单位格式设为小数,将精度设为 0(即最小单位为mm),如图 6-20 所示。

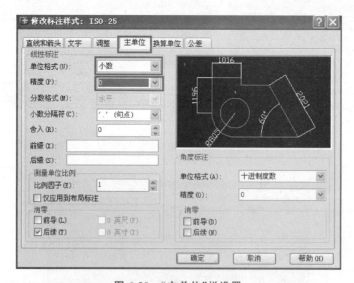

图 6-20 "主单位"栏设置

    (3)在修改标注样式对话框中,选择"直线和箭头"栏,对尺寸线、尺寸界线及箭头进行设置,具体参数如图 6-21 所示。

    (4)在修改标注样式对话框中,选择"文字"栏,对文字高度进行设置,如图 6-22 所示。

    (5)点击"确定"按钮,关闭标注样式管理器对话框,完成尺寸线的设置。

    (6)绘制标注前的辅助线。将最外面的墙线依次偏移 200 mm、300 mm,结果如图 6-23 所示。

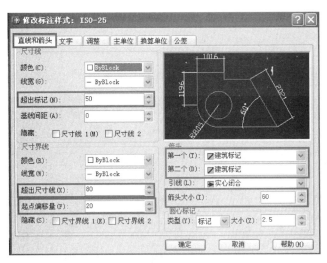

图 6-21　"直线和箭头"栏具体参数

图 6-22　设置文字高度

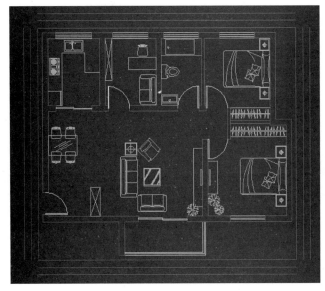

图 6-23　墙线偏移结果

以门窗为界限,引出门窗界限的辅助线,结果如图 6-24 所示。

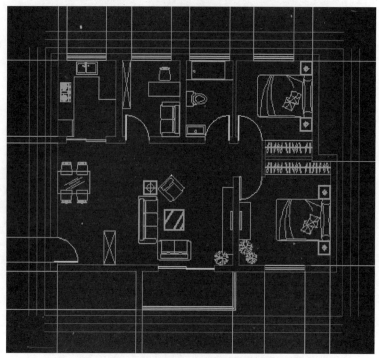

图 6-24　引出门窗界限的辅助线

(7) 输入字母 DLI,激活直线标注命令。以左边的标注为例,点选图 6-25 所示的左上角的点 1,再点选点 2,最后点选点 3,完成直线标注,结果如图 6-25 所示。

(8) 输入字母 DCO,激活连续标注命令,点选图 6-26 所示的三个点,完成连续尺寸的标注。

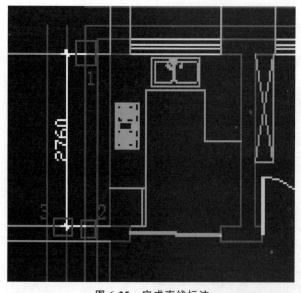

图 6-25　完成直线标注

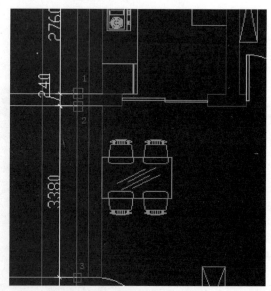

图 6-26　完成连续尺寸标注

(9) 按如上方法依次完成剩余尺寸的标注,用删除命令删除掉辅助线,完成平面布置图主体的绘制,结果如图 6-27 所示。要完成平面布置图,还应注写比例、图名等。

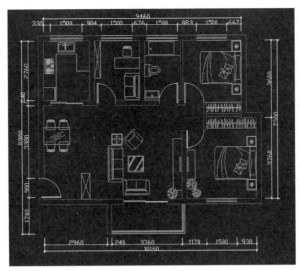

图 6-27　完成的平面布置图主体

五、立面布置图的绘制 　　　　　　　　　　　　　　　FIVE

以客厅电视背景墙为例,绘制电视背景墙的立面图。

（1）将平面布置图中的客厅电视背景墙部分进行复制,移至平面布置图外合适位置,如图 6-28 所示。

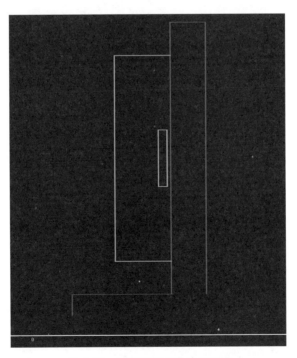

图 6-28　复制电视背景墙平面图

（2）作辅助线。按电视背景墙的宽度作出两条直线,接着画出一条垂线,并将其向左偏移 3 000 mm,定出电视背景墙的高度。结果如图 6-29 所示。

（3）修剪交叉线并旋转,定好电视背景墙的外轮廓,结果如图 6-30 所示。

图 6-29　作辅助线

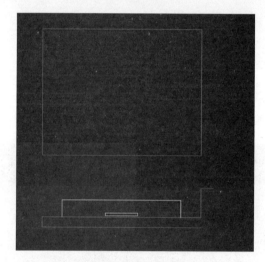

图 6-30　定好电视背景墙的外轮廓

（4）布置立面图，结果如图 6-31 所示。

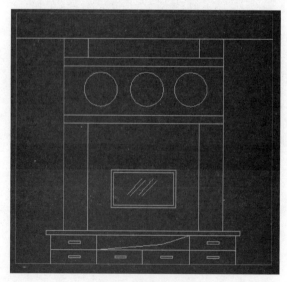

图 6-31　布置立面图

（5）填充立面图,结果如图 6-32 所示。

图 6-32　填充立面图

（6）标注直线尺寸,结果如图 6-33 所示。

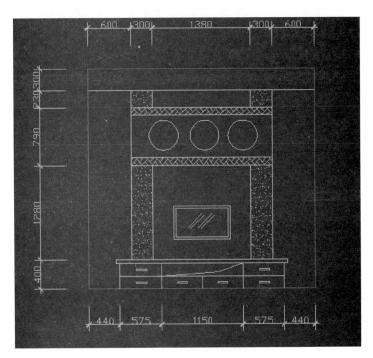

图 6-33　标注直线尺寸

（7）标注圆半径尺寸。输入字母 DRA,按空格键后,选中圆,结果如图 6-34 所示。

（8）进行文字标注,对所用材料进行说明。输入字母 T,按空格键,依次输入文字,对需说明的部位进行注解,完成立面图主体的绘制,结果如图 6-35 所示。

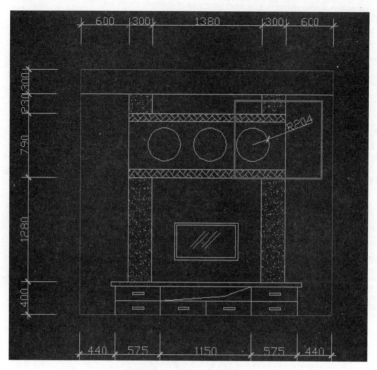

图 6-34　标注圆半径尺寸

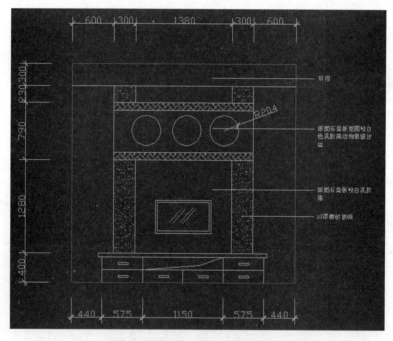

图 6-35　完成立面图主体的绘制

第三节　实例操作:家具设计

在本章第二节的二维绘图基础上,以一张椅子为例,进行三维绘图,即绘制轴测图,对轴测图在 CAD 中的使用进行初步的学习。

一、视图的设置　　　　　　　　　　　　　　　　　　　　　ONE

（1）进行视图的设置，点选菜单中的"视图"—"视口"—"四个视口"，如图 6-36 所示。

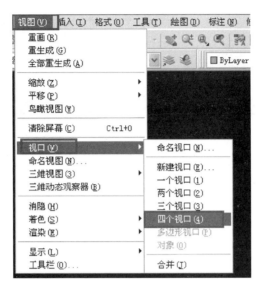

图 6-36　点选"四个视口"

（2）点选左上角的视口（选中的视口边框呈白色），再点选菜单中的"视图"—"三维视图"—"俯视"，如图 6-37 所示。

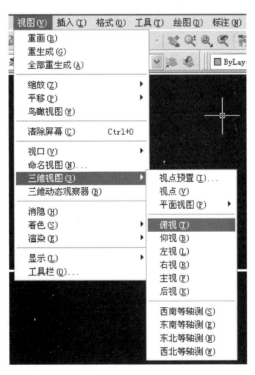

图 6-37　点选"俯视"

（3）参考上步的方法，依次将右上角的视口设为左视，左下角的视口设为主视，右下角的视口设为西南等轴测，结果如图 6-38 所示。

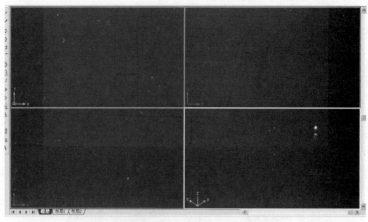

图 6-38 设置视图

二、家具的绘制 　　　　　　　　　　　　　　　　　　　　TWO

　　(1)以绘制椅子的轴测图为例。激活俯视图,绘制一个 50 mm×40 mm 的矩形,输入字母 EXT,激活挤出命令,选中矩形,按空格键,输入高度值 400,按空格键两次,挤出高度为 400 mm 的椅腿,结果如图 6-39 所示。

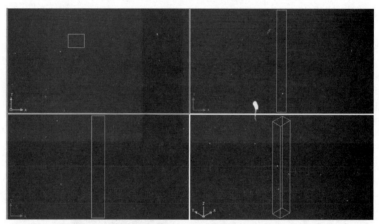

图 6-39 绘制椅腿

　　(2)绘制椅面。绘制一个 400 mm×400 mm 的矩形,在挤出前,先将上步做好的椅腿复制三个,并移到合适位置,结果如图 6-40 所示。

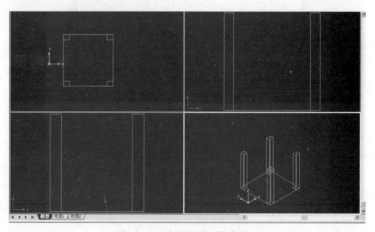

图 6-40 绘制椅面(挤出前)

将准备好的大矩形挤出 20 mm,使用移动命令,选中矩形,点矩形四个顶点中的任意一个,再输入@0,0,400,将其移到准确位置,结果如图 6-41 所示。

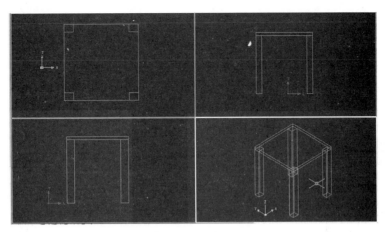

图 6-41 挤出椅面并确定位置

(3)绘制椅背。在俯视图中绘出 30 mm×30 mm 的矩形,挤出 100 mm,复制后参考上步的方法,移动到准确位置,结果如图 6-42 所示。

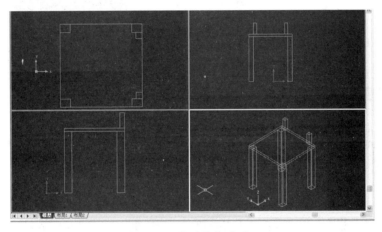

图 6-42 绘制椅背(部分)

在俯视图中绘出 40 mm×400 mm 的矩形,挤出 200 mm,复制后参考上步的方法,移动到准确位置,完成椅子轴测图的制作,结果如图 6-43 所示。

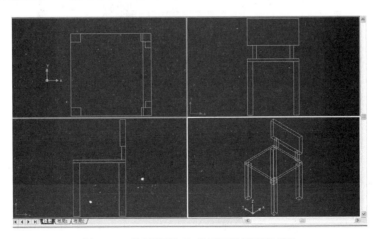

图 6-43 处理椅背,完成椅子轴测图的制作

第四节　实例操作:某小区入口景观设计

一、标注的设置　　　　　　　　　　　　　　　　　　　　　　　　　ONE

（1）"标注"下拉框中点选"样式"，如图 6-44 所示。

（2）弹出标注样式管理器，点击"新建"按钮，如图 6-45 所示。

图 6-44　点选"样式"

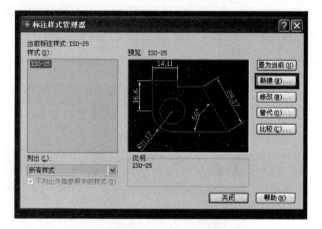

图 6-45　点击"新建"按钮

（3）弹出创建新标注样式对话框，输入新样式名"入口景观"，如图 6-46 所示。

图 6-46　输入新样式名

（4）在新建标注样式对话框中的"主单位"栏下调整精度，如图 6-47 所示。

（5）把"入口景观"样式置为当前，如图 6-48 所示，然后关闭。

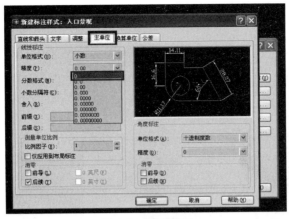

图 6-47　调整精度

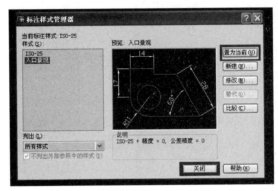

图 6-48　把"入口景观"样式置为当前

二、建筑轮廓及景观轮廓线的绘制　　　　　　　　　　　　　　　TWO

（1）用直线工具 绘制出建筑轮廓线，作好以后进行圆角处理，设置圆角半径为 20 m，如图 6-49 所示。

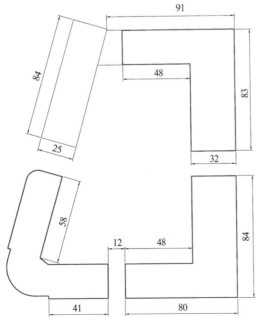

图 6-49　处理轮廓线

（2）在"标注"下拉菜单中点击"线性"，设置景观上部距离建筑 16 m，其余间距设置为 12 m，如图 6-50 所示。

（3）用直线连接刚才的标注并修剪，绘出景观轮廓线，如图 6-51 所示。

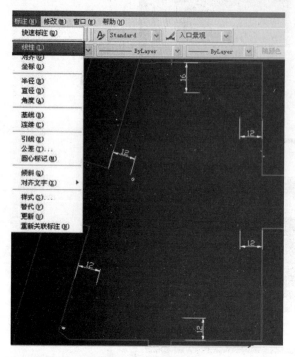

图 6-50　设置间距

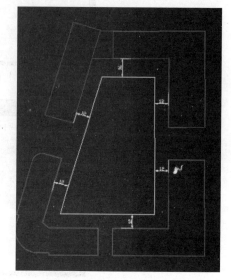

图 6-51　绘出景观轮廓线

三、主景观及道路的绘制　　　　　　　　　　　　　　　　　　　　　　THREE

（1）找到右侧轮廓线中点，用构造线工具 ✏ 水平绘制一条构造线，如图 6-52 所示。

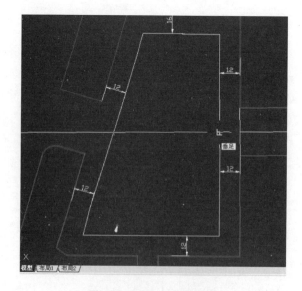

图 6-52　绘制一条构造线

（2）用偏移命令，上、下各偏移 4 m，设置出 8 m 宽的主干道，如图 6-53 所示。

（3）用剪切命令，去除多余的线条，然后做圆角处理（点击圆角图标，键盘输入 R 并按两次 Enter 键，再输入3，点击成角的两条线），如图 6-54 所示。

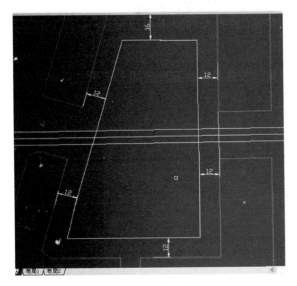

图 6-53　设置主干道

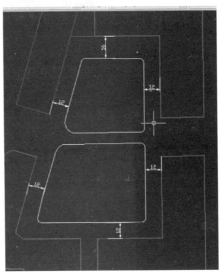

图 6-54　处理线条

（4）用圆工具 ⊘ 在道路中间绘制一个半径为 16 m 的圆，然后用剪切工具，去除多余的线，点击圆角图标进行圆角处理，结果如图 6-55 所示。

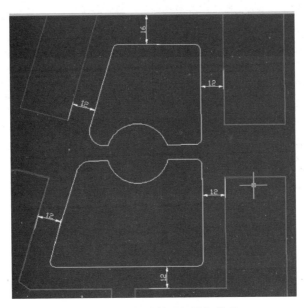

图 6-55　绘制圆并进行圆角处理

四、停车位及水体、等高线的绘制　　　　　FOUR

（1）用圆弧工具 ╱ 绘制出停车场的边界线，再用矩形工具绘制出长 5 m、宽 3 m 的停车位，如图 6-56 所示。

（2）用旋转命令把停车位调整到适当角度并进行复制，效果如图 6-57 所示。

（3）用样条曲线工具 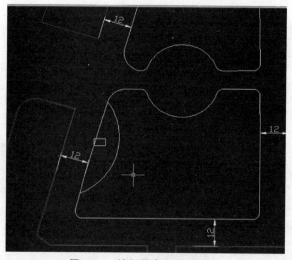 绘制出水体和等高线，如图 6-58 所示。

图 6-56 绘制停车场与停车位

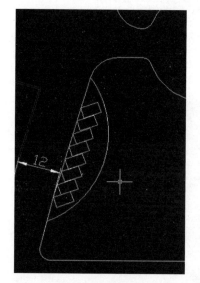

图 6-57 复制停车位

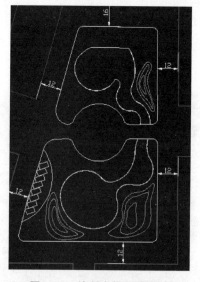

图 6-58 绘制水体和等高线

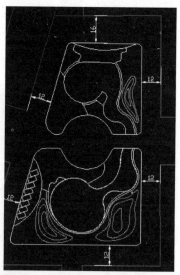

图 6-59 绘制景观中的道路和广场

五、道路及广场的设置   FIVE

用绘图工具绘制出景观中的道路和广场，如图 6-59 所示。

六、广场的铺装填充   SIX

用图案填充工具 填充硬质铺装。选择适当的图案，点击右边的"拾取点"图标，返回界面，点击广场中的任意一处，选中图形变成虚线，然后右击确定填充。用同样的方法绘制其他铺装填充，如图 6-60 所示。

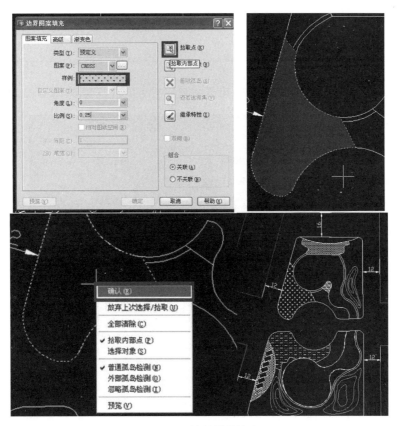

图 6-60　绘制铺装填充

七、入口景观造型的绘制　　SEVEN

　　用圆工具 ⊘ 绘制出半径为 6 m 的圆,再画半径为 3 m 的圆,根据入口的景观造型用构造线切分圆,然后用剪切工具修剪成满意的形状。删除多余的线条,做圆角处理。用同样方法绘制出入口景观的周边景观带。结果如图 6-61 所示。

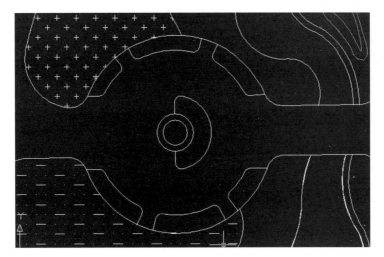

图 6-61　入口景观造型的绘制

八、建筑小品的绘制 EIGHT

（1）用矩形工具 ⬚ 和圆弧工具 ⌒ 绘制花架，用复制和旋转工具调整弧度，效果如图 6-62 所示。

图 6-62　花架绘制效果

（2）花架绘制完毕后创建成块。选中花架，打开"绘图"的下拉菜单，创建块，如图 6-63 所示。

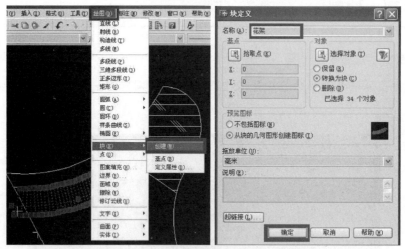

图 6-63　将花架创建成块

（3）用同样的方法绘制亭子、桥和汀步，如图 6-64 所示。

九、植物配置及水体纹理 NINE

从素材库调用植物图例，用直线绘制水体纹理，如图 6-65 所示。

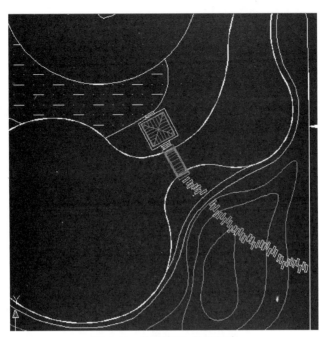

图 6-64　绘制亭子、桥和汀步

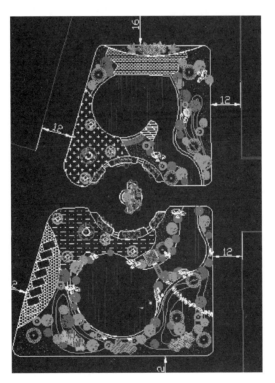

图 6-65　植物配置及水体纹理绘制

附录
课程参考练习......................

HUANJING YISHU

SHEJI SHITU

YU ZHITU

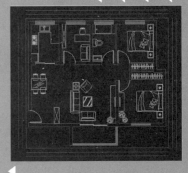

一、正投影练习 ONE

1. 点的投影练习

(1) 已知点的空间位置,求其三面投影图。

(2) 已知点的空间坐标,求其三面投影图。

(3) 已知点的空间坐标,求空间图形位置图。

(4) 已知点的两面投影,求点的第三面投影。

(5) 已知相邻点的位置关系,求相邻点的三面投影。

2. 直线的投影练习

(1) 已知直线的两面投影,求直线的第三面投影。

(2) 已知直线的特殊位置,求直线的三面投影。

(3) 已知直线的相对位置,判断直线的空间位置关系。

(4) 已知直线上点的坐标,求直线的投影。

3. 平面的投影练习

(1) 已知平面的两面投影,求第三面投影。

(2) 已知平面投影,判定其相对位置。

(3) 在已知平面投影内作特殊位置线。

(4) 已知平面投影,判定相关点、线是否在平面内。

4. 体的投影练习

(1) 已知体的相关参数,求其投影。

(2) 已知体的两面投影,求其第三面投影。

(3) 已知体的三面投影和体表面上的部分点和线的投影,补全点与线的投影。

(4) 求体被假想剖切面切割后截交线的投影。

(5) 已知体的不完整三面投影,要求补齐体的三面投影。

(6) 已知相交两形体投影,求形体相贯线。

(7) 作形体的全剖面图。

(8) 作形体的半剖面图。

(9) 作形体的阶梯剖面图。

(10) 作形体的断面图。

二、轴测图练习 TWO

(1) 已知三面投影图画轴测图。

(2) 已知轴测图画三面投影图。

(3) 绘制正等测图。

(4) 绘制正二测图。

(5) 绘制水平斜轴测图。

（6）绘制正面斜轴测图。

三、工程图练习   THREE

（1）抄绘、阅读建筑平面图、立面图、剖面图、详图等。

（2）测绘建筑平面图、立面图、剖面图、详图等。

（3）抄绘、阅读建筑平面装饰布置图、地面布置图、顶棚（天花）布置图等。

（4）测绘建筑平面装饰布置图、地面布置图、顶棚（天花）布置图等。

（5）抄绘、阅读室内立面图、装饰详图等。

（6）测绘室内立面图、装饰详图等。

（7）抄绘、阅读园林景观平面图、竖向图、土方图、种植图、道路广场图、园林建筑图等。

（8）抄绘、阅读家具设计图。

（9）测量家具尺寸，绘制家具基本视图、轴测图。

CANKAO WENXIAN

[1]　谷康. 园林制图与识图[M]. 南京:东南大学出版社,2001.

[2]　梁玉成. 建筑识图[M]. 北京:中国环境科学出版社,2002.

[3]　吴运华,高远. 建筑制图与识图[M]. 2 版. 武汉:武汉理工大学出版社,2004.

[4]　朱福熙,何斌. 建筑制图[M]. 3 版. 北京:高等教育出版社,1992.

[5]　吴机际. 园林制图[M]. 广州:华南理工大学出版社,2006.

[6]　朱毅,杨永良. 室内与家具设计制图[M]. 北京:科学出版社,2011.

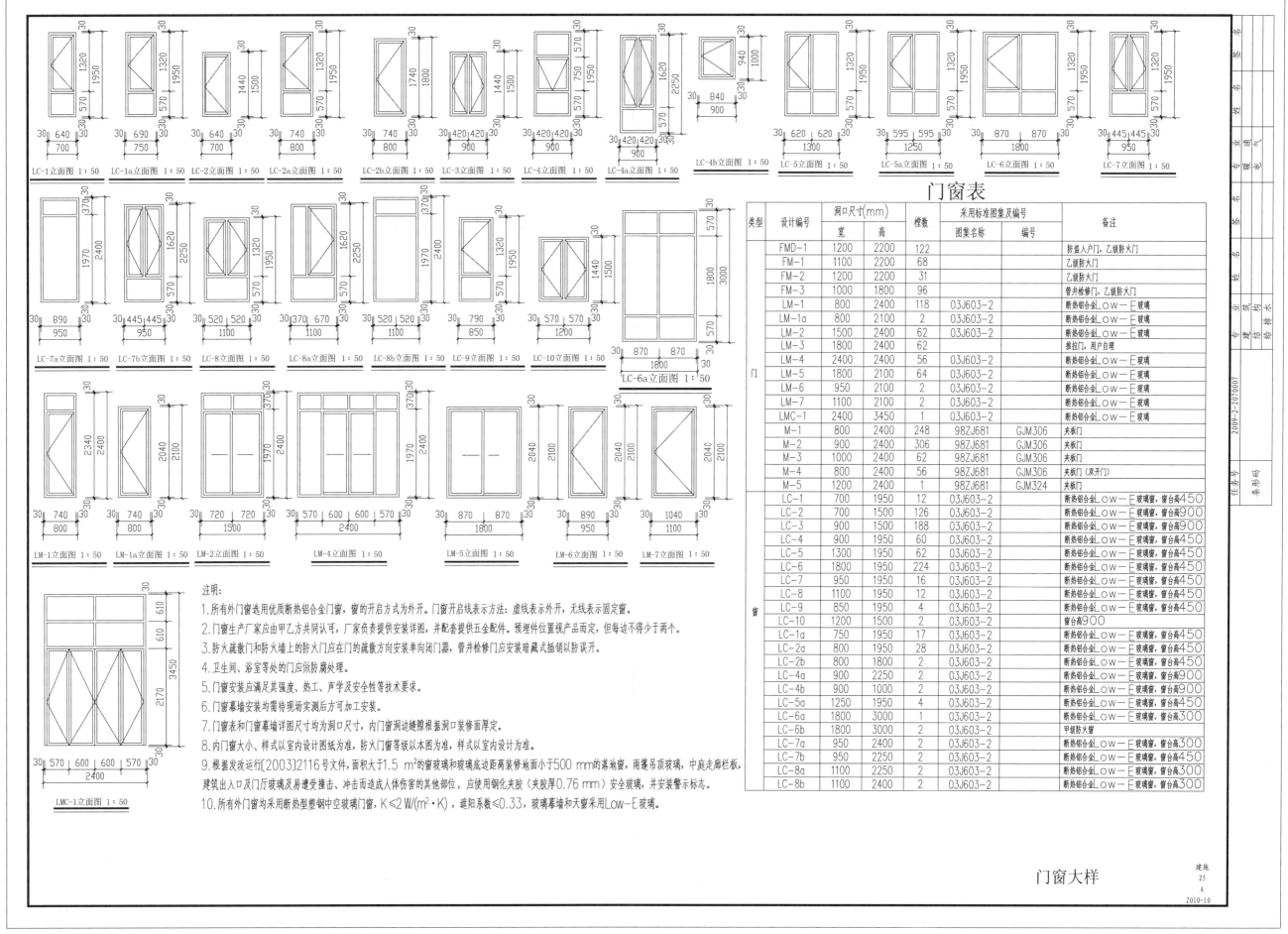

门窗表

类型	设计编号	洞口尺寸(mm) 宽	高	樘数	采用标准图集及编号 图集名称	编号	备注
门	FMD-1	1200	2200	122			防盗入户门,乙级防火门
	FM-1	1100	2200	68			乙级防火门
	FM-2	1200	2200	31			乙级防火门
	FM-3	1000	1800	96			管井检修门,乙级防火门
	LM-1	800	2400	118	03J603-2		断热铝合金Low-E玻璃
	LM-1a	800	2100	2	03J603-2		断热铝合金Low-E玻璃
	LM-2	1500	2400	62	03J603-2		断热铝合金Low-E玻璃
	LM-3	1800	2400	62			推拉门,用户自理
	LM-4	2400	2400	56	03J603-2		断热铝合金Low-E玻璃
	LM-5	1800	2100	64	03J603-2		断热铝合金Low-E玻璃
	LM-6	950	2100	2	03J603-2		断热铝合金Low-E玻璃
	LM-7	1100	2100	2	03J603-2		断热铝合金Low-E玻璃
	LMC-1	2400	3450	1	03J603-2		断热铝合金Low-E玻璃
	M-1	800	2400	248	98ZJ681	GJM306	夹板门
	M-2	900	2400	306	98ZJ681	GJM306	夹板门
	M-3	1000	2400	62	98ZJ681	GJM306	夹板门
	M-4	800	2400	56	98ZJ681	GJM306	夹板门(双开门)
	M-5	1200	2400	1	98ZJ681	GJM324	
窗	LC-1	700	1950	12	03J603-2		断热铝合金Low-E玻璃窗,窗台高450
	LC-2	700	1500	126	03J603-2		断热铝合金Low-E玻璃窗,窗台高900
	LC-3	900	1500	188	03J603-2		断热铝合金Low-E玻璃窗,窗台高900
	LC-4	900	1950	60	03J603-2		断热铝合金Low-E玻璃窗,窗台高450
	LC-5	1300	1950	62	03J603-2		断热铝合金Low-E玻璃窗,窗台高450
	LC-6	1800	1950	224	03J603-2		断热铝合金Low-E玻璃窗,窗台高450
	LC-7	950	1950	16	03J603-2		断热铝合金Low-E玻璃窗,窗台高450
	LC-8	1100	1950	12	03J603-2		断热铝合金Low-E玻璃窗,窗台高450
	LC-9	850	1950	4	03J603-2		断热铝合金Low-E玻璃窗,窗台高450
	LC-10	1200	1500	2	03J603-2		窗台高900
	LC-1a	750	1950	17	03J603-2		断热铝合金Low-E玻璃窗,窗台高450
	LC-2a	800	1950	28	03J603-2		断热铝合金Low-E玻璃窗,窗台高450
	LC-2b	800	1800	2	03J603-2		断热铝合金Low-E玻璃窗,窗台高450
	LC-4a	900	2250	2	03J603-2		断热铝合金Low-E玻璃窗,窗台高900
	LC-4b	900	1000	2	03J603-2		断热铝合金Low-E玻璃窗,窗台高900
	LC-5a	1250	1950	4	03J603-2		断热铝合金Low-E玻璃窗,窗台高450
	LC-6a	1800	3000	1	03J603-2		断热铝合金Low-E玻璃窗,窗台高300
	LC-6b	1800	3000	2	03J603-2		甲级防火窗
	LC-7a	950	2400	2	03J603-2		断热铝合金Low-E玻璃窗,窗台高300
	LC-7b	950	2250	2	03J603-2		断热铝合金Low-E玻璃窗,窗台高450
	LC-8a	1100	2250	2	03J603-2		断热铝合金Low-E玻璃窗,窗台高300
	LC-8b	1100	2400	2	03J603-2		断热铝合金Low-E玻璃窗,窗台高300

注明:
1. 所有外门窗选用优质断热铝合金门窗,窗的开启方式为外开。门窗开启线表示方法:虚线表示外开,无线表示固定开。
2. 门窗生产厂家应由甲乙方共同认可,厂家负责提供安装详图,并配套提供五金配件。预埋件位置视产品而定,但每边不得少于两个。
3. 防火疏散门和防火墙上的防火门应在门的疏散方向安装单向闭门器,管井检修门应安装暗藏式插销以防误开。
4. 卫生间、浴室等处的门应做防腐处理。
5. 门窗安装应满足其强度、热工、声学及安全性等技术要求。
6. 门窗幕墙安装均需待现场实测后方可加工安装。
7. 门窗表和门窗幕墙详图尺寸均为洞口尺寸,内门窗洞边缝隙根据洞口装修面厚定。
8. 内门窗大小、样式以室内设计图纸为准,防火门窗等级以本图为准,样式以室内设计为准。
9. 根据发改运行[2003]2116号文件,面积大于1.5 m²的窗玻璃和玻璃底边距离装修地面小于500 mm的落地窗,雨篷吊顶玻璃,中庭走廊栏板,建筑出入口及门厅玻璃幕墙及易遭受撞击、冲击而造成人体伤害的其他部位,应使用钢化夹胶(夹胶厚0.76 mm)安全玻璃,并安装警示标志。
10. 所有外门窗均采用断热型塑钢中空玻璃门窗,K≤2 W/(m²·K),遮阳系数≤0.33,玻璃幕墙和天窗采用Low-E玻璃。

门窗大样

附图2 门窗表

建筑设计说明

一、设计依据

1. 武汉市自然资源和规划局同意本工程规划设计方案的会议纪要和审批通知单
2. 复地集团、武汉中北房地产开发有限公司与中南建筑设计院签订的本项目设计合同
3. 本工程地形图(电子版)
4. 复地集团、武汉中北房地产开发有限公司提供的有关设计资料和设计要求
5. 设计中所执行的主要法规

《城市居住区规划设计规范》（GB 50180-1993）（2002年版）
《高层民用建筑设计防火规范》（GB 50045-1995）（2005年，修订版）
《民用建筑设计通则》（GB 50352-2005）
《住宅设计规范》（GB 50096-1999，修订版）
《住宅建筑规范》（GB 50368-2005）
《城市道路和建筑物无障碍设计规范》（JGJ 50-2001）
《武汉城市圈低能耗居住建筑设计标准》（DB42/T 559-2009）
《公共建筑节能设计标准》（GB 50189-2005）
《民用建筑工程室内环境污染控制规范》（GB 50325-2001）（2006年版）
《屋面工程技术规范》（GB 50345-2004）
《汽车库建筑设计规范》（JGJ 100-1998）

6. 设计中选用的主要标准图集

05ZJ 《建筑图集》 3
98ZJ 《建筑图集》 1
02J401 02(03)J401《钢梯》
06J123 《墙体节能建筑构造》G系列

二、适用范围

1. 凡设计图纸有特别做法之处，均在设计图纸中另行说明，以具体设计为准
2. 本施工图设计为小区单体建筑施工图设计，小区总平面、竖向设计及道路定位设计详见总平面施工图
3. 本工程园林绿化、广场、小品二次装修设计均由甲方另行委托专业设计院设计，不在本设计合同范围之内

三、工程概况

1. 本工程建设单位:复地集团、武汉中北房地产开发有限公司
   项目名称: ××小区三期
2. 建设地点：湖北省武汉市
3. 气候分区：Ⅲ区,夏热冬冷区
4. 主要功能：4层多层住宅，32～55层高层住宅（部分底层为商业配套用房),商业商铺、小区会所、地下室
5. 建筑面积：小区总建筑面积184 605.7 m^2(不含架空层及地下室),各子项单体建筑面积详见子项单体设计说明
6. 结构形式：详见各子项单体设计说明
7. 建筑层数：详见各子项单体设计说明

四、设计等级标准

1. 设计使用年限类别：3类，50年
2. 屋面防水等级：二级，防水耐用年限为15年
3. 高层建筑防火分类：一类
4. 建筑耐火等级：一级
5. 抗震设防烈度：六度
6. 地下室防水等级：二级，地下室顶板、底板、外墙均为防水钢筋混凝土，普通地下室抗渗等级为P6级,人防地下室详见人防设计院要求

五、建筑定位、标高及尺寸

1. 各单体建筑室内标高±0.000与绝对标高关系及放线定位、坐标详见总平面定位施工图
2. 除图中特别注明者外，本施工图所注楼地面标高均为建筑完成面标高，屋面标高均为钢筋混凝土结构板面标高。其他标高凡注明“（结）”的，均为结构板面标高
3. 图注标高以m为单位；建筑施工图尺寸以mm为单位；总施工图尺寸以m为单位
4. 总施工图所采用坐标及高程系统为北京坐标系1985年国家高程基准，施工单位放线时务必严格核实坐标尺寸，如有不妥应及时向设计院及相关部门反馈，不得盲目施工

六、墙体

1. 墙体材料及厚度
   (1) 外墙：均为200 mm厚加气混凝土砌块
   (2) 分户墙：200 mm厚加气混凝土砌块
   (3) 户内隔墙：100 mm厚加气混凝土砌块(虚线表示)
   (4) 厨房、卫生间隔墙：100 mm厚加气混凝土砌块（实线表示）
2. 所有±0.000以上及地下室内墙填充墙体材料采用蒸压加气混凝土砌块；±0.000以下外墙填充墙体材料采用灰砂砖
3. 墙体砌筑时，墙底部（包括埋入土层墙体）应先砌实心灰砂砖或先浇筑C20混凝土坎台，高度至室内地面以上不小于200 mm，宽度同墙厚
4. 蒸压加气混凝土砌块的砌筑方法及门窗洞口处理详见《蒸压加气混凝土砌块墙体构造(05ZJ103)》。所有加气混凝土砌块采用专用砂浆砌筑，砂浆等级为M5。顶层墙体及女儿墙砂浆等级不低于M7.5。其他墙体采用 M5混合砂浆砌筑。所有墙体定位除图纸注明外均逢轴线中或平外梁、柱边砌筑
5. 除特别注明外，所有墙体应砌筑到顶，上部与梁板连接处应采用灰砂砖斜砌敲紧，不得留空
6. 填充墙的纵横转角处，每砌600 mm高加铺2根ϕ6钢筋，每边伸入墙内不少于600 mm长，或者与柱内结构钢筋连牢
7. 砌块墙体门洞宽达2400 mm以上的均应在洞口两侧设构造柱，做法详见结构施工图，所有构造柱位置详见结构施工图
8. 围护墙、内隔墙构造柱及圈梁的设置及钢筋拉结措施详见结构施工设计有关说明，窗台墙压顶参照05ZJ103第9页4节点。其他门窗的过梁、女儿墙压顶均详见结构施工图。凡建筑施工图与结构施工图压顶不一致处以结构施工图为准
9. 外墙填充墙体为200 mm厚加气混凝土砌块墙，分户墙和楼梯间墙为200 mm厚加气混凝土砌块墙，其余墙住宅为100 mm厚加气混凝土砌块墙，特殊部位详见图纸。±0.000以下外填充墙采用灰砂砖砌筑。图中所示虚线墙，户内部分由住户自行委托施工单位按要求施工。墙体定位如未注明，轴线均中分墙体或与墙体一侧重合。混凝土结构柱尺寸、位置详见结构施工图
10. 加气混凝土砌块墙与结构柱的连接构造详加气混凝土施工验收规范，梁底处用加气混凝土小砖砌筑。凡建筑图中所设计的混凝土构件除注明者外其混凝土强度等级现浇不应低于C15,预制不应低于C20
11. 墙身防潮层设于室内地面以下50 mm处，做法为20 mm厚1:2水泥砂浆内加6%复合无机盐防水剂。地面有高差处，垂直面也要做防潮处理。当此处为钢筋混凝土梁时，可不做防潮层
12. 卫生间、厨房建筑面和出屋面墙体基脚均做高于完成面200 mm与墙同宽的素混凝土墙体。混凝土的强度同楼板,与结构梁板同时浇筑
13. 墙体在窗台处均做80 mm厚和墙同宽的压顶，做法如图1
14. 未注明墙垛均为100 mm。结构柱上50 mm墙垛为素混凝土垛，做法如图2

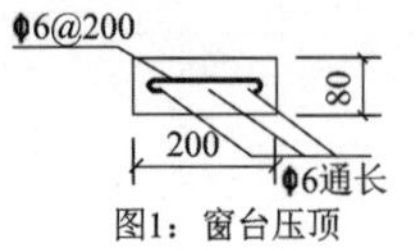

图1：窗台压顶

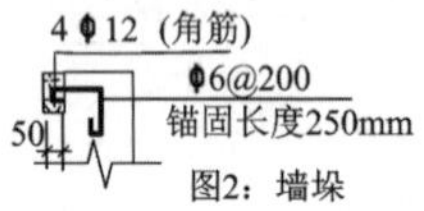

图2：墙垛

15. 户内若有管道竖井，竖井外壁均于管道安装后砌筑，主墙砌筑前应预留拉结筋

七、内外墙面

1. 内外墙面粉刷前，务必先用清水润湿墙面,并用相应界面剂处理
2. 外墙面采用花岗岩、铝塑板、面砖和涂料装饰，其分色及选用颜色详见立面图说明。所有涂料色彩应先做样板，待设计院、建设单位、施工单位三方认可后方可施工；所有外墙花岗岩、铝塑板、面砖选用颜色、规格待看样后确定
3. 外墙面在每层阳台翻边上沿标高处设水平粉刷缝，粉刷分缝处，嵌以10 mm×10 mm黑色塑料条，分缝应光洁挺直
4. 外门窗的窗眉底、阳台底、挑檐底、雨篷、空调搁板底及外挑构件板底等外口均需粉出水泥砂浆滴水线（鹰嘴），做法参照98ZJ901第21页详图A，缝内嵌10 mm×10 mm黑色塑料条
5. 外窗台面、外挑檐面均向外做3%坡度排水，女儿墙顶面向内侧坡3%，均用粉刷砂浆调节坡度（凡檐口部分粉刷砂浆均须加5%防水剂）
6. 内墙面（包括柱）阳角处及门窗洞口均应做护角，高度1 800 mm，每边宽40 mm；楼梯梁亦做护角，然后再做粉刷面层。护角做法为15 mm厚1∶2水泥砂浆掺水重20%801胶。加气混凝土砌体与混凝土梁、柱结合处每侧均先钉300 mm宽小眼钢丝网一层
7. 所有附于内外墙面上的构件（含装饰构件）,均应和主体结构（梁、柱、板）上预埋件连接，固定牢靠
8. 卫生间等水湿房间设2 mm 厚聚氨酯防水涂膜，沿墙面涂刷至楼层面建筑标高300 mm 处，浴缸及淋浴位处涂刷至楼层面建筑标高2 000 mm处
9. 空调位、雨篷与室内共用的墙面需做高出有水面300 mm的1.5 mm厚聚氨酯防水涂膜
10. 所有砖砌（或砌块）管道井内壁均用 1:2水泥砂浆抹面，厚度20 mm，无法两次抹灰的竖井，均用砌筑砂浆随砌随抹平、赶光

八、楼地面

1. 楼地面做法详见建筑统一做法
2. 厨房、入户花园、阳台结构楼面标高比同层相邻结构楼面低50 mm。卫生间降板详见结构施工图，下层为同户卧室卫生间不降板，做同层排水，卫生间、入户花园及阳台均设 0.5%坡坡向地漏，厨房在管道、烟道、墙根部（地面、墙面各200处）加做1.5 mm厚聚氨酯防水涂膜
3. 除公共部分外，各住宅户内楼地面均为粗装修，面层材料由住户自理，找平层须按施工规范分仓，楼面面层总荷载不能超过结构施工图有关要求
4. 沿阳台、露台周围根部边做混凝土坎边，宽度、高度详见大样，混凝土的强度同楼板，与结构梁板同时浇筑

九、门窗、格栅及百叶

1. 本工程外墙门窗除注明外均为铝合金中空玻璃门窗，门窗玻璃为Low-E中空玻璃，门窗玻璃面积小于3 m^2的，玻璃为6+12A+6厚，门窗玻璃面积3～4 m^2的，玻璃为6+12A+6厚Low-E中空玻璃，大面积玻璃部分（面积大于4 m^2）的玻璃厚度按计算后的要求确定。各栋建施单体门窗表、单体设计说明中相关玻璃品种、空气层厚度和本条不符时，以各单体图纸为准。门窗生产厂家要根据本工程实际情况按风压、传热系数和相关规范要求计算后确定或验算，所有门窗框料系列、断面要求、玻璃种类、厚度等，确保满足要求。生产厂家需提供样品和构造大样，提交业主及建筑师共同确认
2. 住宅分户门为成品防火防盗门；普通门均为木门，详细尺寸见单体平面及门窗表。木门洞口尺寸、樘数详见门表，其制作材料及要求均详见98ZJ681图集说明及做法。所有木门均做木贴脸,木贴脸材质、油漆均同所连木门。分户门传热系数K值须小于3.0 W/(m^2·K),阳台门门芯板传热系数K值须小于2.0 W/(m^2·K)
3. 凡图纸中未注明门洞口定位尺寸的，均距门轴一侧墙边或柱边100 mm
4. 门窗立樘：门立樘位置除图中注明外，均平开启方向墙面粉刷安装；室内通风百叶或窗、管井检修门均平通道一侧墙面立樘；窗除注明者外，均居墙中安装，参见构造大样
5. 所有窗台距楼地面低于900 mm高的，内侧加做安全栏杆，未标注的做法详见建施相关大样，底层外窗设置防盗设施
6. 本设计中门窗洞口尺寸均为墙体洞口尺寸，门窗放样施工应扣除抹灰及面层厚度（特殊部位除外，详见图纸）
7. 本设计门窗立面图主要用于控制立面分格及开启形式，门窗立面分格图，包含图示立面的镜像图，门窗制作时需按各向立面所示确定分格样式
8. 门窗洞口安装预埋措施由安装单位确定，并须符合国家有关规范规定
9. 所有平开门均装门轧头，住宅外窗及阳台外门均设置成品配套纱门窗
10. 所有空调百叶采用活动式，方便安装，具体样式看样定
11. 外窗及阳台门的气密性等级，不应低于现行国家标准《建筑外门窗气密、水密、抗风压性能分级及检测方法》(GB/T 7106-2008)规定的4级,七层及七层以上不应低于该标准规定的6级

十、防火门

1. 防火门应采用当地消防部门指定认可的优质防火门及防火卷帘，考虑土建施工误差，本设计有关洞口尺寸（详见门表）仅供参考，其定货、制作应以现场实际尺寸为准
2. 防火门均加做金属闭门器和木贴脸（也需防火处理），面板材料及形式由建设单位和设计单位商定，防火门的五金配件须采用经当地消防部门许可的防火五金配件。所有管井检修门均为防火门。双扇防火门应有按顺序关闭的功能。单元门采用电子对讲防盗门，所有防火门均应具备自行关闭功能
3. 所有管井检修门均采用防火门，门底距地200 mm高，防火门级别详单体设计
4. 防火分区划分详见建施图纸，采用防火墙、甲级防火门及耐火时间不小于3 h的防火卷帘分隔。防烟分区划分详见设施图纸，采用防火板或透明防火玻璃作为挡烟垂壁划分，每500 m^2至少设置一道（防烟分区不得跨越防火分区），挡烟垂壁高度不小于500 mm，外露

十一、厨房及卫生间

1. 厨房及卫生间建筑完成面比同层楼（地）面低15 mm，与厨房相连的阳台建筑完成面比厨房楼面完成面低15 mm
2. 厨房、卫生间施工时均只完成防水层及找平层，楼地面及墙面面层装修等均由住户自理，详见构造说明
3. 卫生间及阳台均设地漏，厨房不设地漏。凡有地漏房间的楼地面均做 0.5%坡坡向地漏
4. 卫生间做防水，防水材料应上翻出楼面完成面面层高300 mm
5. 厨房设施：除烟道及上下水立管必须安装到位外，其他包括操作台、盥洗池等均不安装，由用户自理。所有管线均应预留接口（立管接口处装阀门）

十二、电梯

1. 高层均设有电梯，其中部分电梯兼作消防电梯，每单元至少1部电梯按无障碍电梯要求配置。各单体电梯均采用节能变频型,具体规格、指标详各子项单体设计说明。电梯井道相关尺寸、门厅及机房留孔，井道及机房埋件以甲方订货样本为准，并在主体施工前确定，配合土建一并施工
2. 所有电梯待用户定货后，应由生产厂家提供井道预埋件及机房留孔位置、尺寸。本设计仅供参考，施工时以生产厂家提供为准
3. 客用电梯应选用无障碍电梯并报设计院认可。无障碍电梯按钮留洞底距地0.9 m，装修完后的门洞净宽应不小于0.9 m，电梯门净宽应不小于0.8 m。候梯厅内应安装楼层标志，电梯口应设提示盲道。无障碍电梯应清晰显示轿厢运行方向和层数位置及电梯抵达音响。轿厢宽度不应小于1.1 m，深度不应小于1.4 m，轿厢正面和侧面应设高0.8～0.85 m的扶手，轿厢侧面应设高0.9～1.1 m带盲文的选层按钮，轿厢正面高0.9 m至顶部应安装镜子
4. 电梯井道贴临住户卧室、客厅等的墙面应做减震隔声处理，户内墙加做一道轻钢龙骨纸面石膏板隔墙，做法如下：
   75系列标准C型轻钢龙骨隔墙；
   龙骨中间填50 mm厚岩棉或玻璃棉毡；
   12 mm厚纸面石膏板，均用自攻螺钉固定；
   表面装饰住户自理

十三、楼梯

1. 本工程楼梯设计详见单体设计图纸。所有楼梯栏杆垂直杆件净空均不应大于110.11 m。对于套用标准图时净空超出该规定的，应适当调整标准图立杆尺寸或立杆间距，并报设计院确认
2. 本工程所有楼梯梯井均小于0.11 m宽，扶手高度均不小于0.90 m，且顶层水平段及长度大于0.5 m的水平段扶手高度不应小于1.05 m，且下部有100 mm高、100 mm宽翻边防坠物
3. 所有楼梯踏步均设防滑条，做法详见单体设计图纸
4. 楼梯扶手均紧贴梯井边缘安装（包括楼梯平台转弯处），以确保梯段净宽不小于平台

十四、阳台、窗台

1. 本工程所有阳台栏杆均采用实板或钢化夹层安全玻璃栏板以防儿童攀登，阳台栏杆净高均不得低于1.1 m，阳台不得设置放花盆装置，以免坠落伤人
2. 所有临空栏杆离地面0.1 m范围内均采用细石混凝土翻边，不得留空，详见单体图
3. 一般窗台均不低于0.9 m高。对于外飘窗台，窗台高度不足0.9 m的，应在窗台内侧平内墙面设置护窗栏杆，确保防护高度达到0.9 m高且在该范围内不得留空或形成可踏面，做法参见相关大样

十五、栏杆、扶手

1. 栏杆应以坚固耐久的材料制作，并能承受荷载规范规定的水平荷载
2. 高级装饰栏杆及扶手应由二次装饰设计，其他一般楼梯栏杆、护窗栏杆、扶手等做法均详见大样图
3. 立杆间距均详大样图，大样图中未注明的主立杆间距均为1 m以下（等分),次立杆间距均为0.11 m以下。立杆与楼地面或压顶固定参见05ZJ401第12页节点2Y，扶手与墙固定参见05ZJ401第12页节点3
4. 凡室外栏杆均采用方钢型材制作，尺寸及做法详见有关大样图
5. 栏杆均采取防攀爬措施，所有楼板临空处加安全栏杆，高度1 100 mm，做法未交待的，参见建施或楼梯有关大样

十六、油漆、五金

1. 所有室外及潮湿环境内明露铁件均应加设热浸法镀锌保护，其余一律刷防锈漆两遍，调和漆罩面。除不锈钢及铝合金扶手外，金属栏杆扶手刷防锈漆及底漆各一道，磁漆两道，颜色另详。凡与砖（砌块）或混凝土接触的木材表面均满刷非焦油聚氨脂防水涂膜。钢结构楼梯应外涂防火涂料，保证耐火极限大于1.5 h，并按有关规定定期做保养,保证结构安全
2. 木门、框及楼梯木扶手均为漆片打底，面刷酚醛树脂漆三度
3. 门五金按使用位置另行看样选定，窗五金配套选用。防火门窗五金配件需选用当地消防部门认可的产品
4. 所有预埋木构件和木砖均需做氟化钠防腐处理

十七、落水、排水

1. 屋面（阳台）落水采用⌀100UPVC成品落水管及配套产品安装，并有防攀措施。空调搁板处设⌀50冷凝水排水管，并留排水地漏和三通接口，空调排水管接口均装三通及管帽，以防倒灌。水管接至室外排水系统,具体详见各单体
2. 住宅屋面落水一般均为外落水，管径及安装详见水路施工及建筑施工图纸。雨水口做法详见05ZJ201第32页节点2、4,特殊部位详见图纸
3. 建筑物四周均做800宽隐形散水坡，具体详见建筑施工图
4. 在屋面天沟、檐沟、泛水、雨水口、排水洞口、管道穿通处及屋面突出部位的连接处等部位，均须加做一层防水材料
5. 所有雨水管出水口位于屋面的，下均设置水簸箕，以防雨水排放造成冲刷。做法详见05ZJ201第32页节点C
6. 在所有屋面雨水管转换出水口处设水簸箕，详98ZJ201第34页C大样。地面除架空场地外设暗散水，详见相关大样图。出屋面管道或泛水以下穿墙管，安装后用细石混凝土封严，管根四周与找平层及刚性防水层之间留凹槽嵌填密封材料，且管道周围的找平层铺装后用细石加大排水坡度并增设柔性防水附加层与防水层固定密封。水落口500 mm直径范围内坡度不小于5%
7. 凡有屋面隔汽层和采用细湿性材料做保温、调坡层的，要按施工规程设置屋面排气孔。刚性防水层应按施工规程设分格缝,分格缝内应嵌填密封材料;钢筋网片在分格缝处应断开，其保护层厚度不应小于10 mm；防水层的分格缝应设在屋面板的支承端屋面转折处、防水层与突出屋面结构的交接处，并应与板缝对齐
8. 玻璃雨篷应采用钢化夹层玻璃,厚度二次设计确定，应满足承受《建筑玻璃应用技术规程》关于不上人屋面玻璃活荷载的规定，屋面(雨篷)玻璃在玻璃板中心150 mm的区域内，应能承受垂直于玻璃为1.1 kN的活荷载且夹层胶片厚度不小于0.76 mm
9. 屋面施工应严格按现行《屋面工程技术规范》和《屋面工程质量验收规范》执行

建筑设计说明　　建施统 首01 A 2010.11

附图1　设计说明

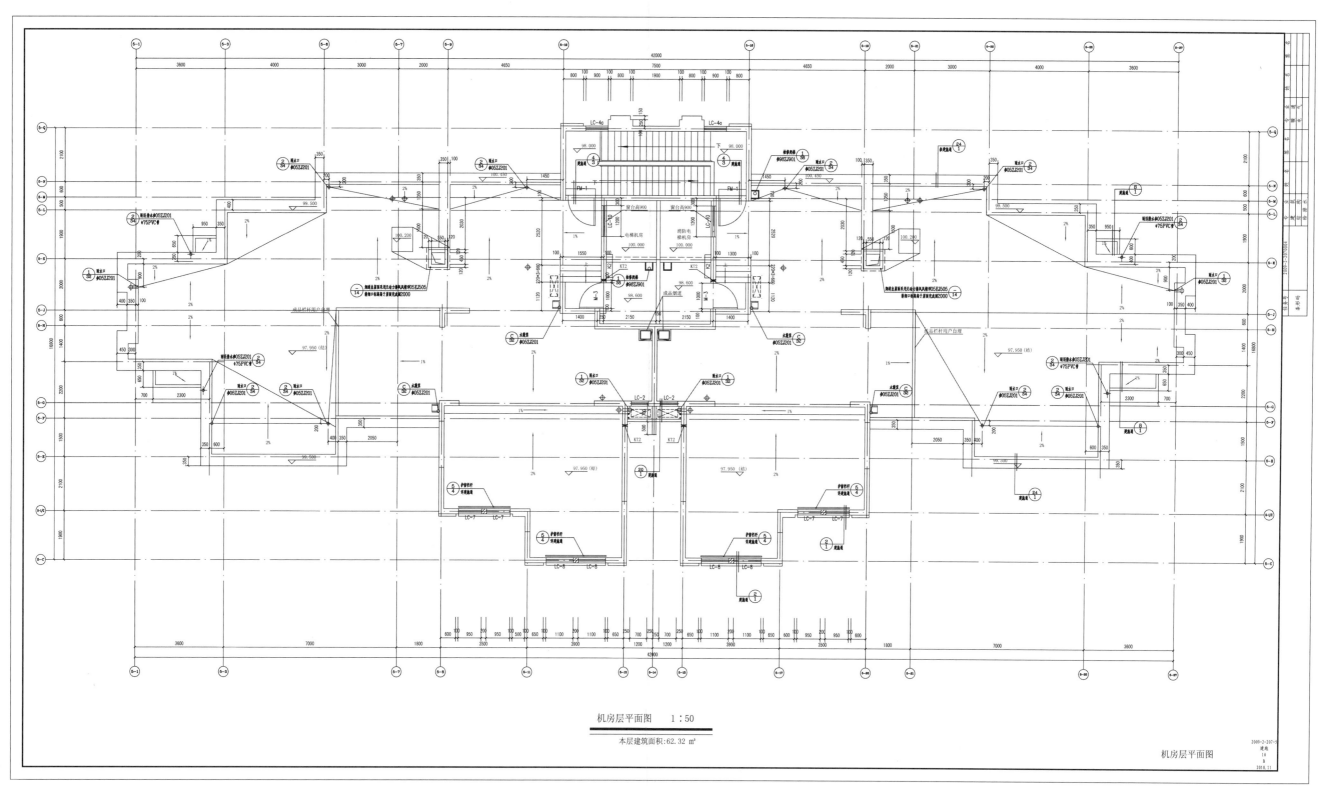

机房层平面图　1:50

本层建筑面积:62.32 m²

机房层平面图

附图4　建筑平面图2

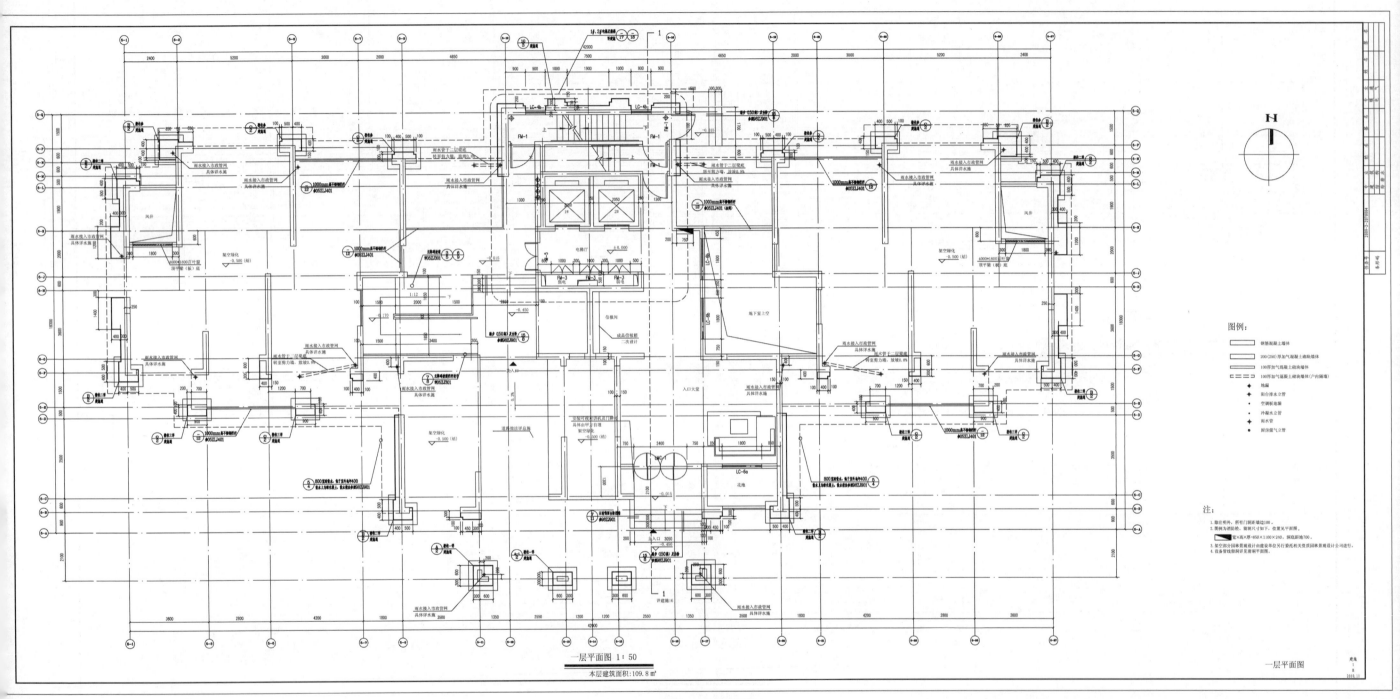

一层平面图 1:50

本层建筑面积:109.8 ㎡

图例:

钢筋混凝土墙体

200-G280厚加气混凝土砌块墙体

100厚加气混凝土砌块墙体

100厚加气混凝土砌块墙体(户内隔墙)

注:

1. 除注明外，所有门洞距墙边100。
2. 图纸为消防栓，窗洞尺寸见平、立面图，洞高距地700。
3. 架空层部分园林景观设计由建设单位另行委托相关景园林景观设计公司进行。
4. 设备管线据报详见建施平面图。

一层平面图

附图3　建筑平面图1

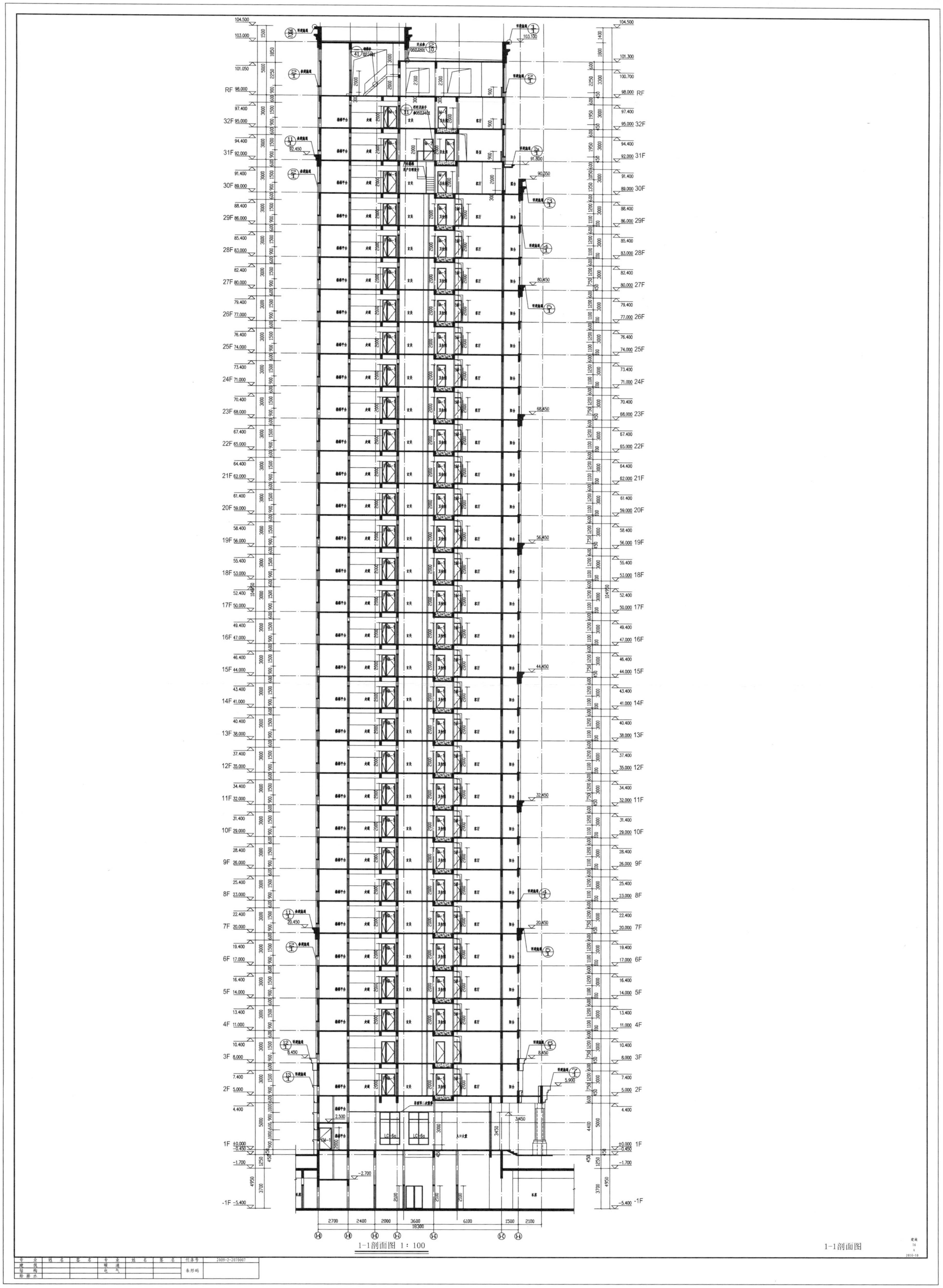

附图6 建筑剖面图

1—1剖面图

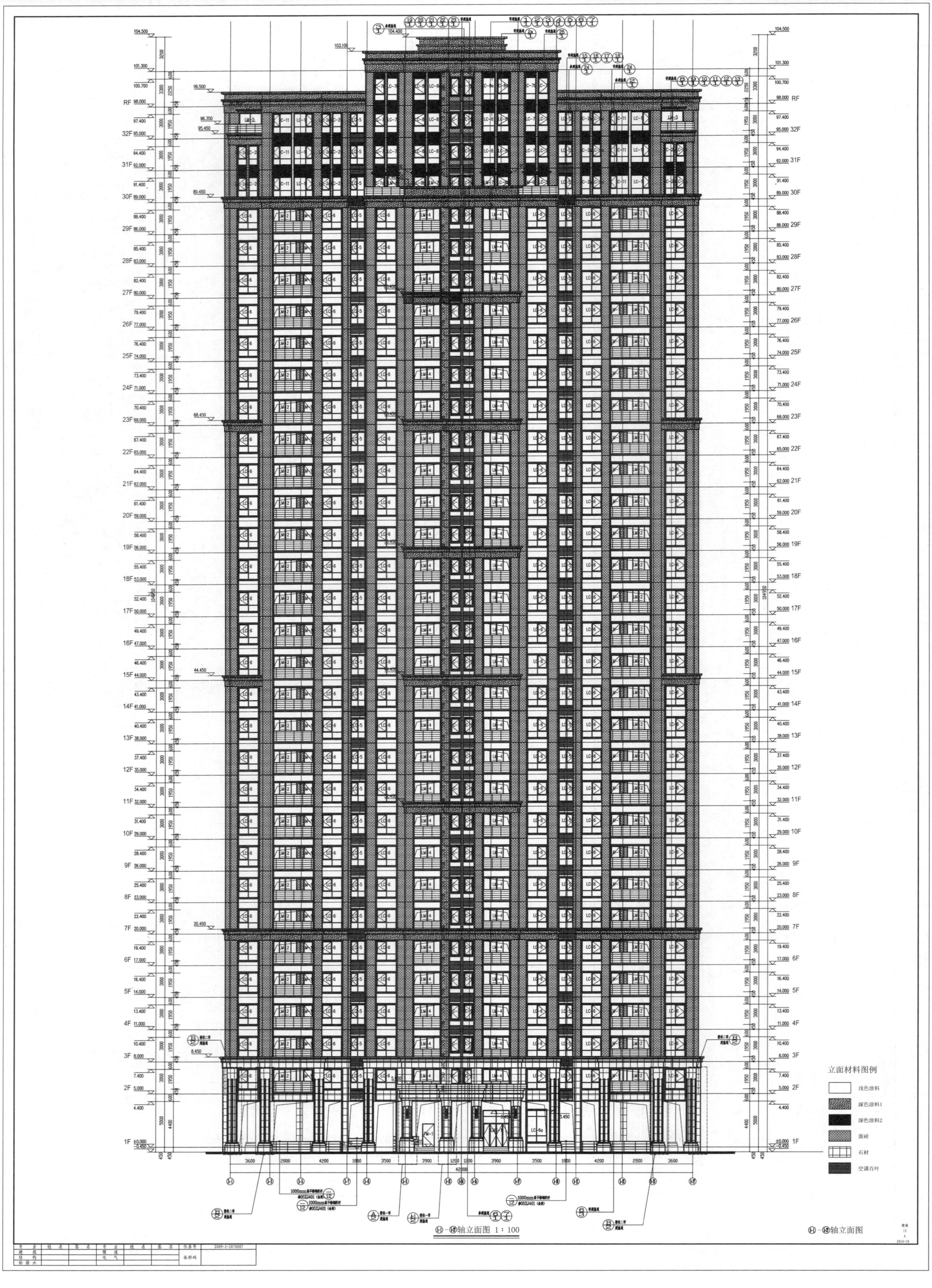

附图5 建筑立面图

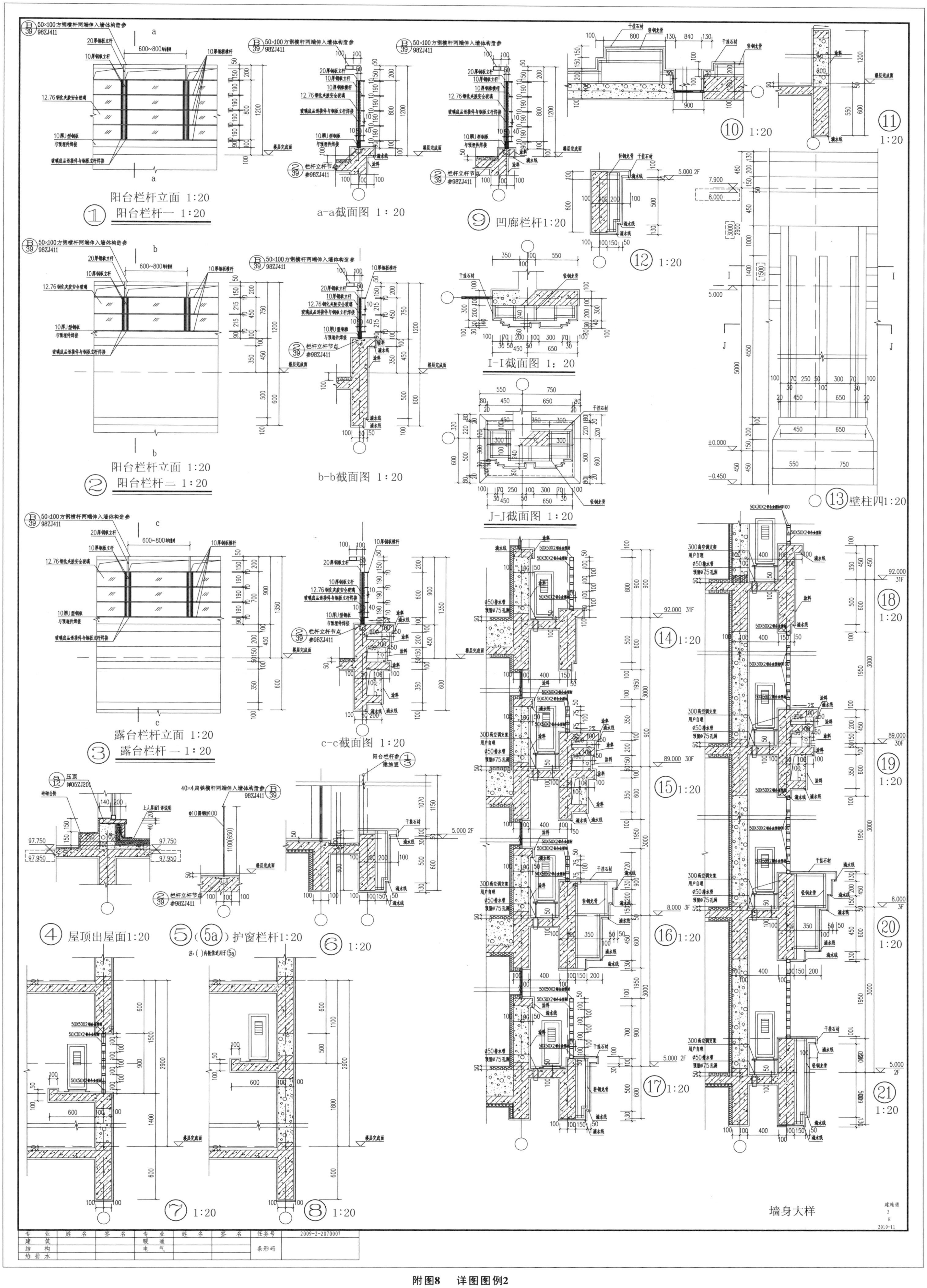
阳台栏杆立面 1:20
① 阳台栏杆一 1:20
a-a截面图 1:20
⑨ 凹廊栏杆1:20
⑩ 1:20
⑪ 1:20
⑫ 1:20
阳台栏杆立面 1:20
② 阳台栏杆二 1:20
b-b截面图 1:20
I-I截面图 1:20
J-J截面图 1:20
⑬ 壁柱四1:20
露台栏杆立面 1:20
③ 露台栏杆一 1:20
c-c截面图 1:20
④ 屋顶出屋面1:20
⑤（5a）护窗栏杆1:20
⑥ 1:20
⑦ 1:20
⑧ 1:20
⑭ 1:20
⑮ 1:20
⑯ 1:20
⑰ 1:20
⑱ 1:20
⑲ 1:20
⑳ 1:20
㉑ 1:20
墙身大样
专业 姓名 签名 专业 姓名 签名 任务号 2009-2-2070007
建筑 暖通
结构 电气 条形码
给排水
建施通
2010-11

附图8 详图图例2

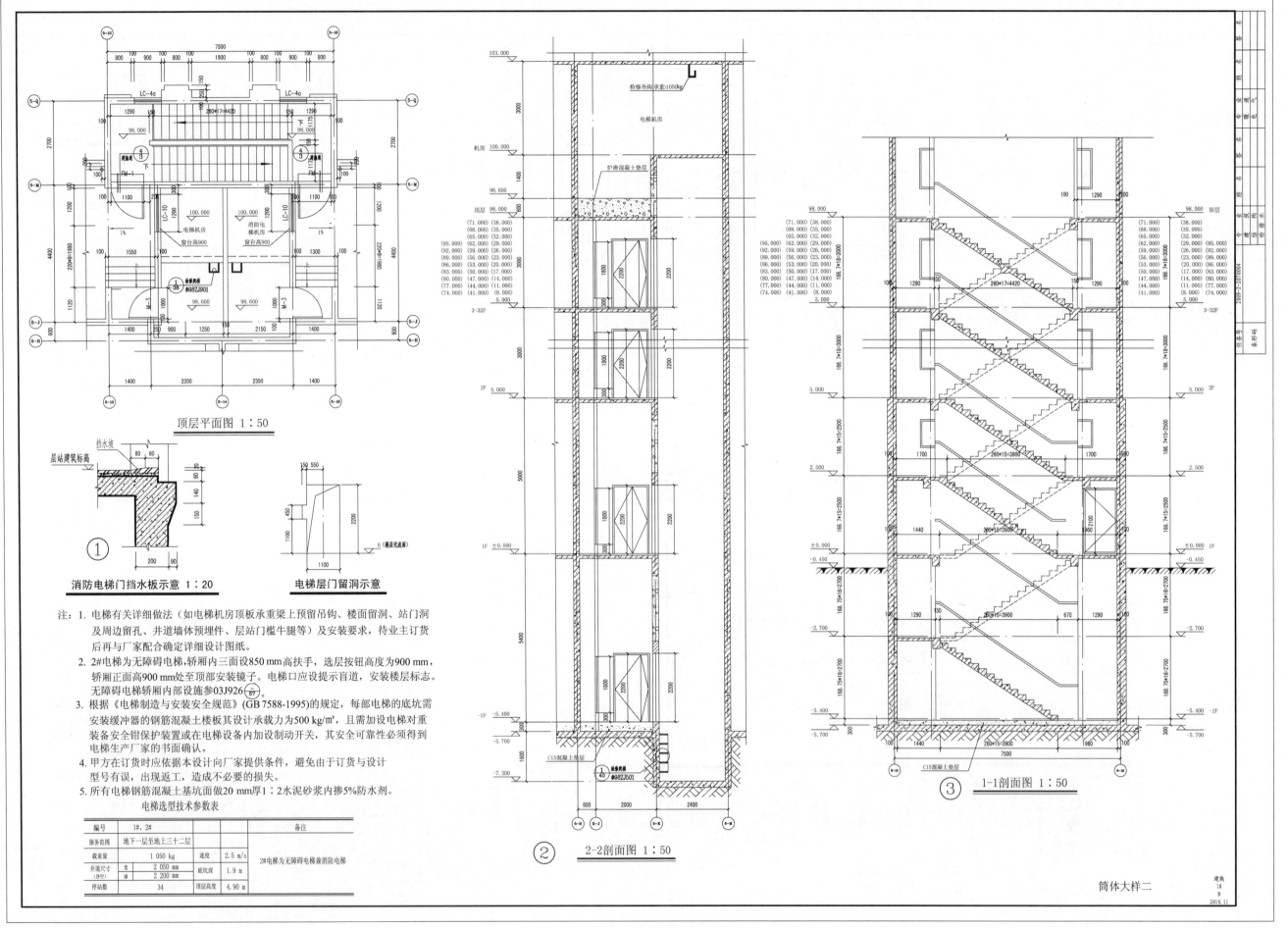

附图7 详图图例1